U0186867

全球治理的中国方案

国际网络安全治理

的

中国方案

本书专家组◎著

五洲传播出版社

图书在版编目（CIP）数据

国际网络安全治理的中国方案 /《国际网络安全治理的中国方案》专家组著 . -- 北京：五洲传播出版社，2019.3
（全球治理的中国方案）
ISBN 978-7-5085-4131-0

Ⅰ . ①国… Ⅱ . ①国… Ⅲ . ①互联网络 – 网络安全 – 研究 – 世界 Ⅳ . ① TP393.08

中国版本图书馆 CIP 数据核字（2019）第 044922 号

"全球治理的中国方案"丛书
出 版 人：荆孝敏

国际网络安全治理的中国方案
著　　者：本书专家组
责任编辑：苏　谦
助理编辑：秦慧敏
装帧设计：澜天文化

出版发行：五洲传播出版社
地　　址：北京市海淀区北三环中路 31 号生产力大楼 B 座 7 层
邮　　编：100088
发行电话：010-82005927，82007837
网　　址：http://www.cicc.org.cn http://www.thatsbooks.com
承 印 者：中煤（北京）印务有限公司
版　　次：2020 年 4 月第 1 版第 1 次印刷
开　　本：787mm×1092mm 1/16
印　　张：11.75
字　　数：200 千字
定　　价：68.00 元

前言

前　言

　　2019 年是互联网诞生 50 周年，也是中国全功能接入互联网的第 25 年。中国已经从互联网世界的后来者，变为了一个拥有 8.5 亿网民、一批全球知名互联网企业的网络大国，成为网络空间的重要力量。

　　中国互联网在高速发展的同时，也面临着个人数据安全、关键基础设施保护、网络犯罪等网络安全方面的巨大挑战。习近平总书记指出，"没有网络安全就没有国家安全，就没有经济社会稳定运行，广大人民群众利益也难以得到保障。"如何应对这些挑战，不仅事关维护中国的网络主权，也有利于 8.5 亿网民的福祉和互联网行业的健康发展。

　　网络安全是国际社会面临的一项共同挑战。各国政府、企业和用户都有保护网络安全的责任和义务，加强各国之间的交流与合作是应对网络安全挑战的重要之举。习近平主席在致 2019 年世界互联网大会的贺信中指出，"发展好、运用好、治理好互联网，让互联网更好造福人类，是国际社会的共同责任。各国应顺应时代潮流，勇担发展责任，共迎风险挑战，共同推进网络空间全球治理，努力推动构建网络空间命运共同体。"

　　中国网络安全工作的成就，离不开与国际社会的交流与合作，包括从其他国家的成功经验与失败教训中获得有价值的启示。同时，中国作为一个拥有 8.5 亿网民的网络大国，做好网络安全工作更离不开中国政府和人民的智慧与付出。中国在网络安全领域摸索出的理论框架与实践经验，也是对国际社会共同应对网络安全挑战的有益贡献。

一直以来，国际社会十分关注中国的网络安全战略和政策，这说明了中国在网络空间国际治理领域的影响力与日俱增，也表明了国际社会对中国网络安全工作的一种期待。我们也注意到，国际上有一些国家和媒体对中国的一些网络安全政策有不同的声音，主要反映了他们对中国的网络安全政策缺乏了解和理解。这其中，文化和语言的障碍在一定程度上阻碍了中外之间的交流，导致了外界对中国网络政策的评判是建立在对事实错误的理解之上。误解不仅会导致误判，也会影响到寻求共识和合作的可能。例如，中国在开展网络安全工作最初，就确立了"网络安全为人民，网络安全靠人民"的基本原则。越来越多的西方国家也开始强调这一点。相信通过进一步加深交流，可以促进各方加强合作，共同应对国际网络安全的挑战。

《国际网络安全治理的中国方案》是一本介绍中国在网络安全领域探索与实践的专著。它不仅涵盖了中国在网络安全领域治理理念和理论方面的探索，也包括了在网络安全的战略、法律、政策、标准、产业和人才等方面的具体实践。全书共分五章，第一至第五章内容分别由鲁传颖博士、李艳博士、左晓栋博士、洪延青博士、陈兴跃博士撰写。他们从各自的专业角度全面阐述了中国在国际网络安全治理领域的理论与实践，相信他们的工作可以为国际社会全面、准确地认识和理解中国网络安全战略、政策提供一个有益的基础。

2019 年 12 月 12 日

第一章
国际网络安全治理与网络空间命运共同体

　　国际网络安全已成为影响全球安全与和平的重要议题，是国际社会和各国政府共同面临的威胁和挑战。2013年6月"斯诺登事件"爆发后，面对网络安全领域的挑战，国际社会在推动网络空间国际安全治理进程中取得一定进展，各国政府也纷纷出台了网络空间安全战略报告，同时制定落实了各领域的网络安全政策。客观而言，在应对不断变化和日益加剧的网络安全威胁时，无论是国际治理的努力还是各国网络战略的制定，都未能改善网络安全不断恶化的趋势。过去5年，国际网络安全陷入困境，国际社会未能就网络安全治理的规则体系达成共识，构建有效治理机制。因此，有必要对当前国际网络安全领域的理论与实践进行深刻反思，探求问题根源，寻求解决方案，推动国际社会共同构建网络空间命运共同体。

第一节
网络空间国际安全治理概念辨析

国际网络安全是当前国际社会关注的焦点问题之一,大规模网络监听、网络空间军备竞赛、勒索病毒恶意袭击、全球金融与能源等关键基础设施被攻击等现象已经成为危害国际安全体系的主要不稳定因素。包括中国在内的各国政府都开始高度关注国际网络安全问题,并投入大量资源维护国际网络安全,建立相应的治理机制。目前虽已取得一些成果,但依然面临严峻挑战。与传统全球性议题相比,国际网络安全治理是一项复杂的多层级、跨领域、跨学科的前沿性全球治理议题。随着信息化和智能化时代的来临,网络安全内涵的不断丰富增加了理解网络安全概念的难度。

从国际网络安全实践来看,网络安全的层级主要包括基础设施、数据以及内容三个层级的安全。前两个层级对应的治理议题包括关键基础设施安全、重要数据保护,其背后对应的是国家间的网络安全合作,以及各国政府对本国网络空间战略、政策以及行为准则的制定等。内容安全建立在信息内容的治理之上,其内涵更加复杂,目前不同国家之间的主张也各有异同。相同之处为各国对治理"假新闻""儿童色情""仇

2018 年 6 月，第三届中国网络信息安全峰会在北京举行。

恨言论"等方面达成了一定共识；不同之处在于各国对意识形态问题的分歧，一些宗教国家对于网上涉及宗教的言论有较为严格的管控，包括中国在内的一些发展中国家对于社会稳定相关的意识形态内容有较强的治理需求，而多数西方发达国家仅在所谓的"黑客干预大选"问题出现后才开始关注本国网络意识形态问题，之前更多是以"保护网络自由"为名指责别国的互联网政策。总体而言，内容安全属于各国互联网公共政策范畴，涉及国际层面的网络安全问题并不多。

从研究的角度来看，网络安全的研究需要有跨学科的视角，需要有网络技术、国际关系、国际法、新闻传播、政治学、经济学、社会学等学科的理论知识背景。面对如此复杂的治理体系，过去其他领域的治理经验和知识难以简单地嫁接应用于国际网络安全领域。国际网络安全治理应当更加注重与实践的互动，并且建立多层次的分析视角。网络空间国际安全的多层级、跨领域、跨学科等特点增加了认知国际网络安全以及构建国际治理机制的难度。因此，任何关于网络空间国际治理的议题、行为主体和机制的理论和实践都离不开对网络特性的考虑。

一、国际网络安全主要治理议题

相比较网络空间全球治理这一宽泛概念，国际网络安全治理是其中的一个分领域，主要关注国际和平与安全视角下的网络安全议题，更加强调主权国家在国际治理和国内政策制定层面的相关内容。国际治理层面，主权国家在网络国防、情报、执法、政策等领域的国际合作是其治理的核心内容，具体治理议题包括网络空间的国际规则、负责任的国家行为准则、国际法在网络空间中的适用性、建立信任措施、打击网络犯罪、打击网络恐怖主义等内容，以及技术援助、信息共享等相关的国家间合作范畴。虽然不同的网络安全议题关注点各有侧重，但这些议题之间实际上有很多重叠之处。若不能用更加综合性的网络安全视角去看待这些议题，同时加强不同议题间治理机制的互动，就很难深刻发现问题所在并且无法探寻有效的解决方案。

除了国际治理机制的构建，各国政府在网络安全领域的治理能力是实现国际网络安全的基础和保障。近年来，各国政府都在加强对网络安全问题的重视程度，加大了对网络安全问题的资源投入。在国内层面，治理的议题主要包括网络安全的战略规划，以及相配套的法律、政策、标准体系；关键基础设施保护、个人信息保护、数据跨境流动等重要领域的具体实践；网络安全产业、技术、人才等能力提升的规划设计。由于网络安全的跨国界性，各国政府在网络安全上保障能力的提高也会促成国际合作。各国应加强上述领域的政策协调、经验共享和技术援助，构建更加统一和标准化的政策体系，建设网络空间的命运共同体。

二、国际治理的主要行为体

国际网络安全的治理议题决定了政府以及政府间组织是参与该治理的主要行为体。在多边治理与多方治理当中，多边更加适用于国际网络安全治理机制的构建，因此各国政府以及联合国等政府间组织是参与网络安全国际治理的主要行为体。然而，与传统国际治理议题相比，网络安全多层级、跨领域和跨学科的属性，增加了治理行为体的复杂性。

首先，由于国际网络安全议题的广泛性，所以涉及到的政府部门较多，如外交、国防、情报、执法、司法、贸易、产业、教育等多个部门，协调的难度超过传统的全球治理议题。另一方面，由于网络安全是一个

2014 年 9 月 18 日，首届中国—东盟网络空间论坛在广西南宁开幕。

新兴议题，在国内层面很多职能以及工作边界的划分并不清晰，存在着多个主管部门重叠的情况。由此导致了在国际合作和谈判中，难以找到对等的谈判对象。

其次，涉及的国际组织多元复杂，既有联合国这样的全球性政府间组织，也有 20 国集团（G20）、七国集团（G7）、经合组织（OECD）这样具有一定治理能力的多边组织，同时还有东盟地区论坛（ARF）、亚太经合组织（APEC）、非盟（AU）等区域性组织。这些政府间组织关注的议题和焦点之间也有部分的重叠交叉。

最后，由于国际网络安全的复杂性，其他行为体虽然不是主要的参与者，但也是关于治理机制探讨中不可或缺的部分。如以 ICANN 为代表的国际非政府组织、私营部门和学术界都在国际治理中发挥着一定的作用。

2015 年 12 月 18 日，第二届世界互联网大会在浙江乌镇闭幕，互联网名称与数字地址分配机构 (ICANN) 总裁法迪·切哈德在闭幕式上发表主题演讲。

三、国际治理机制的发展进程

国际网络安全治理主要在联合国、多边组织、区域性组织以及双边层面开展。目前，在国际上有较大影响力的是联合国信息安全政府专家组（UNGGE）机制。联合国大会中的裁军和国际安全委员会（第一委员会）根据联合国秘书长的指令（Mandate）于 2004 年建立联合国信息安全政府专家组作为秘书长顾问，以研究和调查新出现的国际安全问题并提出建议。政府专家组的主要宗旨是辅助联合国建立一个"开放、安全、稳定、无障碍及和平的信通技术环境"，其主要工作是：推动实施可加强网络空间安全和稳定的行为准则；鼓励联合国会员国根据大会 A/53/576 号文件每年报告本国对信息安全问题的看法；优先安排和促进各国就那些已达成有限协议的规范问题进行对话；促进多方参与实现网络空间的规范建立和治理。政府专家组作为一个中心平台，主要讨论对国家使用信通技术所适用的有约束力和无约束力的行为规范，涵盖面从现行国际法在信通技术环境中的适用到国家在网络空间的责任和义务，涉及关键基础设施保护、网络安全事件防范、信任和能力建设以及人权保护等。通过这些问题讨论所产生的框架随后由不同的区域、次区域、双边、多边或专门机构进行运作和实践。尽管专家组最终形成的报告并不具有约束力，但它们被视为增强网络空间稳定性的重要基石。基于这些报告，在全球、区域和双边等多个层面产生了较多辅助性倡议，促进了专家组所形成的共识的广泛传播，强化了国家间以及其他利益攸关方之间的信心建立，同时也加强了发展中国家在网络空间的建设能力。

联合国先后任命了五届专家组，但只有 2010 年、2013 年、2015 年形成了政府专家组报告。其中 2015 年的专家组报告达成了一系列重要共识，强调了网络规范对促进和平利用通信技术、充分实现将通信技术用

2016 年 7 月 11 日，中方与联合国共同举办的网络安全国际研讨会在北京开幕。本次研讨会主题为"构建网络空间的准则、规则或原则：促进一个开放、安全、稳定、可接入、和平的信息通信技术环境"。图为与会各国代表集体合影。

于加强全球社会和经济发展的重要作用，在前两次报告基础上对负责任的国家行为规范作了更明确、完善的补充，例如各国不应蓄意允许他人利用本国领土使用通信技术实施国际不法行为，一国应适当回应另一国因其关键基础设施受到恶意通信技术行为的攻击而提出的援助请求等，也对建立信任措施进行了重要补充。另外，2015 年的报告加入了国际法如何适用于通信技术的内容，更加明确地阐述了主权平等、以和平手段解决国际争端、不对任何国家的领土完整或政治独立进行武力威胁或使用武力、尊重人权和基本自由、不干涉他国内政等《联合国宪章》基本原则适用于网络安全的问题。

四、网络犯罪的治理困境与联合国打击网络犯罪政府专家组

网络犯罪已成为网络安全领域最突出的问题之一，也是国际网络安

全治理的焦点问题。同时，由于网络犯罪本身形态的不断变化和演进，对打击网络犯罪相关的定罪、调查、电子取证等问题带来了挑战。另外，由于越来越多的网络犯罪都具有跨国界性，打击网络犯罪的国际治理机制是否健全成为能否有效遏制不断增长的网络犯罪案件的关键。围绕这一机制的国际层面的博弈主要存在于联合国和欧委会之间，而在打击网络犯罪层面的国际合作则需要新的动力。

（一）网络犯罪成为国际网络空间治理难点

目前学术界对网络犯罪问题存在两种不同的研究视角。一种是从犯罪的视角，将网络看成一种对象、工具或手段，网络犯罪是另一种犯罪的形式；另外一种是从网络安全的视角，强调网络犯罪与网络安全之间的区别与交融关系。现实中，人们在应对网络犯罪问题时往往将这两种视角结合起来。由于网络安全的技术创新和应用创新的速度加快，更加全面地理解网络犯罪问题对于制定国际和国内网络安全治理机制至关重要。

（二）联合国打击网络犯罪政府专家组机制

联合国打击网络犯罪政府专家组是联合国层面打击网络犯罪最重要的国际机制，根据联合国大会第 65/230 号决议，该机制由预防犯罪和刑事司法委员会在 2010 年设立，主要目的是"全面研究网络犯罪问题及会员国、国际社会和私营部门采取的对策，包括国家立法、最佳做法、技术援助和国际合作交流信息，以期审查各种备选方案，加强现有的并提出新的国家和国际打击网络犯罪的法律和其他对策。"中国政府一直积极认可、支持专家组的工作，不仅推动了专家组的成立，也积极参与了专家组的后续工作。

2018 年 4 月 3 日至 5 日，第四届联合国打击网络犯罪政府专家组会

2018年6月1日，在西班牙首都马德里国家警察总局，中西两国警方出席"长城行动"电信网络诈骗专案证据移交仪式，西班牙警方向到场的中国公安部代表转交了此前打击涉华电信网络诈骗中收缴的物证资料。

议在奥地利维也纳召开。中国政府派出了由外交部、公安部、工信部、司法部组成的政府代表团参会。会议首先通过了专家组2018—2021年工作计划，随后来自五大洲的专家就网络犯罪的立法和定罪问题开展了分组讨论，介绍了各国和地区在打击网络犯罪的立法和定罪两个问题上的研究和经验，并与各国政府代表进行互动。

此前，专家组已于2011年1月召开了第一次会议，主要确定了专家组研究的具体议题以及专家组的工作机制和具体程序。2012年，在专家组秘书处的组织下，对各国发放调查问卷，并在反馈基础上对网络犯罪问题进行了深入研究，撰写了《综合研究报告》。报告共分8个章节，分别涉及互联网连接性和网络犯罪、全球网络犯罪现象、立法和法律框架、定罪、执法和侦查、电子证据和刑事司法、国际合作和预防犯罪等领域。报告对于全面了解网络犯罪在全球的态势以及目前各国工作中面临的困境等有重要价值。2013 年专家组召开第二次会议，重点对《综合研究报告》进行讨论。2017 年专家组第三次会议上，各国代表就《综合研究报告》以及打击网络犯罪的立法、最佳实践、技术援助和国际合作等问题展开交流。

打击网络犯罪政府专家组与联合国大会第一委员会下的信息安全政府专家组是联合国层面开展网络空间国际治理的两大重要机制。因此，两大机制本身以及预期产生的规则必然是各方博弈的重点。

（三）打击网络犯罪国际治理机制博弈

在联合国专家组机制之前，欧洲委员会 2001 年制定了区域性打击网络犯罪公约——《布达佩斯网络犯罪公约》，不断通过援助合作的方式邀请域外国家参与，试图将该公约打造成打击网络犯罪全球性法律标准。目前该公约已有包括欧洲之外的美国、日本、澳大利亚、斯里兰卡等在内的 57 个成员国和 15 个观察员国。这是世界上第一部也是目前唯一一部针对网络犯罪的国际公约，它所建立的治理网络犯罪的国际刑事司法协助体系是全球影响最大的合作框架。

以往区域性法律通过实践然后由国际组织将其上升为国际法是常态，但此次欧委会认为，《布达佩斯网络犯罪公约》可以直接成为国际法，联合国不需要再去制定新的国际法。这种想法是把欧委会上升到了联合国的地位，排除了联合国在打击网络犯罪问题上发挥作用的必要性。中国、俄罗斯、巴西及其他发展中国家则认为，《布达佩斯网络犯罪公约》是少数国家制定的区域性公约，不具备全球性公约的真正开放性和广泛代表性，不能反映各国特别是发展中国家的普遍关切。例如，该公约内容范围较窄，重点针对涉及计算机硬件和系统的犯罪，对于网络恐怖主义以及其他各种利用互联网实施的传统犯罪等均无涉及；该公约对网络犯罪调查程序的要求和标准较高，其有关可不经领土所属国同意即可跨境调查取证的规定对国家司法主权构成冲击，这些均难以为发展中国家所普遍接受和实施。所以，中俄等发展中国家推动在联合国框架下制订打击网络犯罪全球性公约，并推动联合国预防犯罪和刑事司法委员会在2010年设立联合国网络犯罪问题政府专家组，研究网络犯罪问题并提出应对建议。

当然，这种博弈背后最根本的问题是联合国作为战后建立的最有合法性和权威性的国际组织在国际事务中所扮演的地位不应当被某一区域组织所取代，这种趋势一旦成为现实，将会对联合国以及战后的安全体制产生严重的冲击，影响国际社会的安全稳定。

第二节
国际网络安全困境

2013 年 6 月发生的"斯诺登事件"是国际网络安全发展史上的一个重要里程碑，它拉开了网络空间情报化和军事化的大幕，改变了国际网络安全发展进程，同时也引发了全球性的网络安全危机。[①] 此后，各国政府加强了在网络空间的战略博弈，网络空间治理机制面临失灵，国际网络安全陷入了困境。[②] 这背后更深层次的原因，是网络安全技术、商业和政治安全逻辑交织在一起共同起作用，只有对这些不同层面影响因素作深入分析，并针对性地构建治理机制，才能探索摆脱困境之道。

一、"斯诺登事件"与国际网络安全困境

"斯诺登事件"加剧了国际网络安全形势的恶化，网络领域中国家间的冲突此起彼伏，网络军备竞赛一触即发。与此同时，相应的网络空

---

① 鲁传颖：《试析当前网络空间全球治理困境》，《现代国际关系》2013 年第 9 期。

② Ben Buchanan, The Cybersecurity Dilemma: Hacking, Trust and Fear Between Nations, Oxford University Press; 1 edition (February 1, 2017).

2017 年 9 月 12 日，以"万物皆变 人是安全的尺度"为主题的 2017 中国互联网安全大会在北京召开，来自全球 100 多家企业和相关机构的近千名信息安全专家参会，围绕网络犯罪、政企安全、人工智能等重要领域的安全治理问题进行探讨。

间治理机制残缺不全，现有的国际安全架构难以应对网络安全挑战，陷入了一种安全困境。从现象上来看，这种安全困境主要由三重困境叠加组成，一是国际网络安全内涵演变引发的大国在网络安全领域的博弈；二是失灵的网络空间国际治理机制无法应对危机管控和冲突降级；三是国际网络安全特性引发大国在网络空间开展低烈度对抗。这三重困境之间相互作用，战略博弈、制度困境和冲突对抗最终导致了网络安全陷入安全困境。

（一）网络安全成为大国博弈的新领域

网络安全的定义在"斯诺登事件"之后发生了根本性变化，从原本的网络安全（network security）、信息安全（information security）等拓展为网络空间安全（cyber security），各国政府普遍将网络安全上升到

2011 年 12 月 7 日至 8 日，第五届中美互联网论坛在美国华盛顿举行。中方代表在会上明确提出，中方反对任何形式的网络战和网络空间军备竞赛。图为中国互联网协会副理事长吴建平在会上致辞，介绍中国互联网的发展情况。

了综合安全 (comprehensive security) 层面。在此之前，国际社会对于网络安全的认知更多停留在网络犯罪、计算机网络安全和信息安全层面。

"斯诺登事件"引发了国际社会对于网络安全的大讨论，逐渐改变了国际社会对于网络安全的认知。[①] 网络安全的内涵不断被扩充，大数据与国家安全、网络意识形态安全、网络战争、个人信息安全等新型的安全问题不断涌现在国际网络安全议程中。网络安全概念内涵和外延的拓展，充分表现出网络安全与政治、经济、文化、社会、军事等领域的安全开始交融。中国政府发布的《国家网络空间安全战略》从网络渗透危害政治安全、网络攻击威胁经济安全、网络有害信息侵蚀文化安全、网络恐

[①]   Joseph Nye Jr ．"Deterrence and Dissuasion in Cyberspace," International Security, 41(3), 2017, pp44-71.

怖和违法犯罪破坏社会安全、网络空间的国际竞争方兴未艾等五个大的方面，对几十种网络安全威胁作了定义和描述。①从某种意义上而言，网络安全不仅仅是总体国家安全观的一个组成部分，它更进一步丰富了总体国家安全观的内涵，使其变得更加立体化。②因此，加强对于网络安全的重视程度，应对网络安全面临的威胁挑战，就成为了各国政府的工作重点。

网络安全认知的提升进一步促使大国加大对网络安全的重视和资源投入，使得网络安全成为大国战略竞争的重点领域。各主要大国纷纷将网络安全提升到战略层面。包括中国、美国、俄罗斯等在内的主要大国纷纷出台网络空间安全战略，重组网络安全治理架构，提升网络安全在国家议程中的重要性。中国政府在《国家网络空间安全战略》中指出"网络空间安全事关人类共同利益，事关世界和平与发展，事关各国国家安全"。③俄罗斯明确提出要加强网络空间的军事力量，其2016年版本的《信息安全学说》指出，信息领域在保障实现俄罗斯联邦的国家优先发展战略中起到重要的作用。④美国政府更是早在2009年就制定了《网络安全政策评估》战略，将网络空间定义为继陆地、海洋、太空、外太空之外的第五战略空间。⑤

---

① 国家互联网信息办公室：《国家网络空间安全战略》，2016年12月27日，http://www.cac.gov.cn/2016-12/27/c_1120195926.htm。

② 总体国家安全观是由中国国家领导人2014年4月15日在中央国家安全委员会第一次全体会议上提出的。网络安全的发展使得信息安全内涵更加丰富，与其他十个安全领域密切相关，形成总体安全观处于顶层，其他十个安全领域处于中间，底层是分别与十个安全领域相连接的网络安全这样一种立体的安全观。

③ 国家互联网信息办公室：《国家网络空间安全战略》，2016年12月27日。

④ 班婕、鲁传颖：《从"联邦政府信息安全学说"看俄罗斯网络空间战略的调整》，《信息安全与通信保密》2017年第2期。

⑤ The White House, "Cyberspace Policy Review: Assuring A Trusted and Resilient Information and Communications Infrastructure", http://www.whitehouse.gov/assets/documents/Cyberspace_Policy_Review_final.pdf （上网时间：2018年7月7日）

包括军事、情报、执法和行政等领域的网络力量发展成为支撑国家战略和应对网络危机的重要手段。随着信息化程度的不断增加，国家经济、金融、能源、交通运营所依赖的关键基础设施（critical infrastructure）数量和重要性不断上升。在这一大的趋势下，网络安全成为事关政治、经济、文化、社会、军事等领域新的风险点。面对日益复杂的网络安全环境，国家倾向于提升网络军事能力对来应对新任务、新挑战。根据相关统计，有近 100 多个国家已经组建网络军事力量。越来越多的国家开始重视网络空间的防御力量建设。中国政府在《网络空间国际合作战略》中指出，"网络空间国防力量建设是中国国防和军队现代化建设的重要内容，遵循一贯的积极防御军事战略方针。中国将发挥军队在维护国家网络空间主权、安全和发展利益中的重要作用，加快网络空间力量建设，提高网络空间态势感知、网络防御、支援国家网络空间行动和参与国际合作的能力，遏控网络空间重大危机，保障国家网络安全，维护国家安全和社会稳定"。[1] 俄罗斯在《信息安全学说》中指出，要在"战略上抑制和防止那些由于使用信息技术而产生的军事冲突。同时，完善俄罗斯联邦武装力量、其他军队、军队单位、机构的信息安全保障体系，其中包括信息斗争力量和手段"。[2] 网络军事力量发展作为一个新兴战略领域，它的国际平衡很容易被打破从而引发军备竞赛。近来，美国、英国等国积极发展进攻性网络力量，并追求网络领域的绝对安全和开展网络威慑战略的行动能力。这极容易将网络空间拉入到军备竞赛的轨道，特别是美国、英国等高调宣布在阿富汗和伊拉克战场上开展进

---

[1] 中华人民共和国外交部、国家互联网信息办公室：《网络空间国际合作战略》，2017 年 3 月 1 日，http://news.xinhuanet.com/politics/2017-03/01/c_1120552767.htm。

[2] 班婕、鲁传颖：《从"联邦政府信息安全学说"看俄罗斯网络空间战略的调整》，《信息安全与通信保密》2017 年第 2 期。

攻性网络行动实践，同时还在不断寻求国际法和国内法依据，这些举动进一步加速了网络安全向军备竞赛方向的发展。[①]

（二）国际机制构建陷入对抗，加剧网络安全困境。

网络安全概念的演进和国家战略博弈的加剧对国际网络安全治理机制构建带来了新的挑战。"斯诺登事件"后，国际社会曾短暂地试图在网络空间国际规则领域达成共识，2014 年巴西召开了多利益攸关方大会（Net Mundial），共同商讨应对大规模网络监听、进攻性网络空间行动等国际治理机制。2014—2015 年联合国信息安全政府专家组（UNGGE）就负责任国家行为准则、国际法在网络空间的适用和建立信任措施等网络规范达成共识。[②] 然而，不久后多利益攸关方大会就销声匿迹，2016—2017 年的专家组由于各方在国家责任、反措施等方面的分歧最终未能发表共识报告，国际社会在构建网络安全国际治理机制上的努力陷入停滞。[③]

此外，治理机制构建的困境还体现在现有的规范未被认真地落实上。例如，在 2015 年信息安全政府专家组报告中提出，"各国就不攻击他国的关键基础设施达成共识。"但是类似于乌克兰电厂遭受攻击的事件却

[①] Joseph Nye Jr. "Deterrence and Dissuasion in Cyberspace," International Security, 41(3), 2017, pp44-71.

[②] Group of Governmental Experts on Developments in the Field of Information and Telecommunications in the Context of International Security, UN General Assembly Document A/70/174, July 22, 2015.

[③] 美、俄两国专家组代表在会后发布的官方声明指出阻碍专家组达成共识的主要原因。参见 Michele G. Markoff, "Explanation of Position at the Conclusion of the 2016-2017 UN Group of Governmental Experts (GGE) on Developments in the Field of Information and Telecommunications in the Context of International Security", June 23, 2017, https://www.state.gov/s/cyberissues/releasesandremarks/272175.htm；Krutskikh, Andrey, "Response of the Special Representative of the President of the Russian Federation for International Cooperation on Information Security Andrey Krutskikh to TASS' Question Concerning the State of International Dialogue in This Sphere", June 29, 2017, http://www.mid.ru/en/foreign_policy/news/-/asset_publisher/cKNonkJE02Bw/content/id/2804288.

2016 年 6 月 14 日，第二次中美打击网络犯罪及相关事项高级别联合对话在北京举行。

一再发生。报告还提到，"国家在使用信息技术时应遵守国家主权、主权平等、以和平手段解决争端和不干涉他国内政的原则。"在实际中，很多国家的网络主权屡屡被破坏，干涉他国内政的情况屡有发生。特别是在处理网络冲突时，经常采取单边制裁的方式而非通过和平手段。①

　　国家之间的博弈是国际治理机制失灵的主要因素之一。这种博弈体现了不同阵营所支持的治理理念和政策的分歧。发展中国家强调网络主权，坚持政府在网络空间治理的主要作用，以及联合国在国际规则制定中的主要地位。发达国家则强调网络自由，主张多利益攸关方治理模式，质疑联合国平台在网络安全治理领域的有效性。随着网络空间国际规则

---

① Group of Governmental Experts on Developments in the Field of Information and Telecommunications in the Context of International Security, UN General Assembly Document A/70/174, July 22, 2015.

制定进程不断深入，发展中国家与发达国家之间的分歧也越来越难以在短期内弥合。这种阵营化的趋势又反过来加剧了发达国家和发展中国家在国际治理机制上的对抗。[①] 例如，美国与西方国家通过 G7 平台推广所谓理念一致国家同盟（Like-Minded States），金砖国家和上合组织则成为发展中国家推广治理理念和政策的主要平台。

治理机制失灵不仅使得国际层面的网络危机管控和争端解决等相关机制处于空白状态，而且对一些重要的双边对话合作也造成了很大影响。例如，美俄网络工作组在"斯诺登事件"后中断，并且短期内难以恢复。中美网络安全工作组一度因为起诉军人事件而中断，后在中美两国领导人共同推动下建立了中美打击网络犯罪及相关事项高级别联合对话机制，后升级为中美执法与网络安全对话。中美对话机制主要聚焦在打击网络犯罪领域，不涉及网络军事等议题。[②] 因此，在缺乏危机管控和争端解决机制的情况下，各国在网络领域的冲突易于升级，并且容易鼓励采取单边行动来进行反制，从而加剧了网络安全困境。

（三）低烈度冲突的常态化加剧了安全困境

在现有的技术条件下，网络攻击相比较现实世界的战争行为，具有暴力程度低、致命程度弱等特点。在军事学当中，暴力是指对人体的生理和心理所带来的伤害，人体是暴力的第一目标。网络武器和网络攻击的特性决定了其暴力程度远远低于传统武器和战争。网络武器缺乏实体武器的象征属性，其隐蔽性和非展示性对抗使其与实战中的战机、炮弹

---

① 鲁传颖：《试析当前网络空间全球治理困境》，《现代国际关系》2013 年第 9 期。

② "FACT SHEET: President Xi Jinping's State Visit to the United States," Whitehouse, September 25, 2015, https://www.whitehouse.gov/the-press-office/2015/09/25/fact-sheet-president- xi-jinpings-state-visit-united-states.

2017年1月5日，美国华盛顿，美国高级情报官员出席国会的听证会，指证俄罗斯黑客干预美国大选。

等武器大有不同。[1] 因此，多数的网络行动被认为低于战争门槛，是一种低烈度的冲突。即便国家开展网络行动也许会危害其他国家的国家安全，但由于没有达到触发战争的状态，现有的国际法对此缺乏明确的规定。因此，网络战被认为是一种新型的特殊的作战，各方对网络战的定义、内涵和影响还缺乏明确的共识。

网络攻击低暴力性和行动隐蔽性等特点使得各种形式的网络行动更加频繁，也引发了越来越多的网络冲突。冷战结束以后，大国之间维持着总体和平，直接对抗的情况极为罕见。无论是"棱镜计划"，还是"震网病毒""索尼影业""黑客干预大选"等事件都表明，国家在网络空间

---

① 托马斯·里德著，徐龙第译：《网络战争：不会发生》，北京：人民出版社，2017年，58页。

中的行动越来越频繁，手段、目标和动机也越来越多元，引发的冲突也愈发激烈。因此，一些学者把这种介于网络战（cyber warfare）和纯粹信号情报收集（signal intelligence）之间的网络行动界定为低烈度的网络冲突。这一类网络行动并没有达到引发战争的程度，低于国际法所规定的战争门槛，但是冲突的形式又比纯粹的信号情报收集要激烈很多。表面上看，低烈度的网络冲突并不会对各国国家安全以及国际安全造成严重后果，但是高频度的低烈度冲突会产生从量变到质变的结果，最终在某一个触发点突破红线，从而引发激烈冲突，危害国际安全。[1] 如美国对于"黑客干预大选"所采取的激烈制裁手段，就表明美国正在改变原先对于网络行动的认知。美国采取了所谓的跨域制裁方式，对俄罗斯的实体和个人进行制裁，并且从外交上向俄罗斯施加压力，驱逐俄罗斯驻美外交官员，关闭其领事场所。[2] 由此可见，低烈度的网络冲突应当是网络空间国际治理规则所应重点关注的领域。

二、安全困境背后的原因

大国博弈、国际治理机制失灵和低烈度网络冲突不断等现象与国际网络安全困境之间互为因果，相互作用，形成了一个看似难以解决的系统性安全困境。要解开困局，就需要对现象背后的原因作进一步的深入分析，对网络安全的技术特点、网络产品和服务的属性展开研究，并在此基础上进一步分析国际网络安全的政治逻辑。

---

[1]　Brandon Valeriano，Ryan C. Maness, Cyber War Versus Cyber Realities: Cyber Conflict in the International System, Oxford University Press; 1 edition (May 26, 2015) pp.20-23

[2]　鲁传颖：《国际政治视角下的网络安全治理困境与机制构建——以美国大选"黑客门"为例》，《国际展望》2016 年第 4 期。

（一）网络的技术安全逻辑

技术一直是国际关系研究中的重要变量，科学技术的进步曾多次直接或间接地推动了国际关系的变革。从国际网络安全角度看，技术安全逻辑导致了溯源难和防御难两个新问题，并对大国的网络安全战略选择和国际治理工作产生了直接影响。网络具有匿名性、开放性、不安全性（insecurity）等特点。匿名性、开放性与互联网架构有关。匿名性主要是指互联网用户的身份保持匿名，并且可以通过加密和代理等手段规避溯源；开放性是指全球的互联网通过统一的标准协议体系进行连接，接入互联网的设备互联互通；不安全性是指任何设备和系统都是由人设计的，理论上说任何设备和系统中都存在着不同程度的错误，这些错误有可能被开发为漏洞从而被攻击。网络安全原本是指对计算机系统和设备的机密性（confidentiality）、完整性（integrate）和可获得性（availability）的防护。因此，各国的网络安全战略的两个重要目标是对网络数据和关键基础设施的保护。基于上述网络技术特点形成的网络安全局势，具有溯源难、易攻难守等特点，由此形成的逻辑是网络安全局势有利于进攻方，理性的决策者会倾向于采取加强能力建设和资源投入的方式来保卫自身安全和获取战略竞争优势。

溯源难。网络技术的开放性和匿名性增加了溯源的难度。现有的网络安全调查取证技术难以查出高级持续性威胁（APT）真实的攻击者，因而经常无法对攻击者进行惩罚。溯源既是国际网络安全领域的核心技术，也是最具争议的领域。溯源决定了谁是攻击的源头，从而为判定国际网络安全事件的性质以及采取何种法律应对措施提供基本判断条件。[①]由于网络的匿名性和开放性，加上各种隐藏身份的技术，攻击者往往会

---

① Martin Libicki, Cyber deterrence and Cyberwar. Santa Monica: RAND Corporation, 2009.

2017 年 6 月，乌克兰遭受大规模网络攻击，多家银行、公司，以及乌克兰首都最大机场的计算机网络都受到病毒攻击。

对自己的行为和身份进行伪装，增加溯源的难度。在已发生的众多网络安全事件中，几乎都无法提供有力的证据来证明攻击源头。因此，国际社会难以在攻击者与被攻击者之间表明立场，并采取行动来惩罚攻击者。以"震网事件"为例，事件发生多年后才由于媒体的曝光而为世人所知。开发病毒的美国和以色列情报机构对此未置可否。"震网"病毒及其变体后来先后感染了全球多家发电厂，成为危害国家关键基础设施安全的重大隐患。尽管如此，没有任何机制能够促使国际社会对媒体曝光的始作俑者进行谴责或者制裁。[①] 乌克兰电厂被攻击、爱沙尼亚银行系统被

① New York Times, "Obama Ordered Wave of Cyber-attacks Against Iran", 1 June, 2012, http://www. nytimes.com/2012/06/01/world/middleeast/obama-ordered-wave-of-cyberattacks-against-iran.html. (上网时间 2018 年 6 月 9 日)

攻击等类似事件仍然频发，进一步降低了国际社会对于网络安全的信心。

防御难。从理论上而言，网络安全漏洞是广泛存在的。无论是连网的设备还是组成系统的代码，主要都是通过人来设计和编写的。因此，错误是无法避免的，缺陷与生俱来，任何一种设备都无法做到绝对的安全，所有的连网设备都可能成为网络攻击的目标。特别是在信息化渗透度不断增加的情况下，国家面临着保护越来越多的关键基础设施这一重任。实际情况是，漏洞广泛地存在于关键基础设施的系统当中，并且这些关键基础设施分散在不同的行业和企业中，政府对其进行保护的成本和压力极为巨大。例如，美国将关键基础设施分为17类，但其数量从未对外公布。若对其关键基础设施进行全面保护，需耗费的人力、物力、财力之大可想而知。特别是很多关键基础设施的运营者是企业，企业不仅所拥有的资源有限，而且在很多情况下不愿意向外透露自己被网络攻击的信息。对于攻击者而言，这种攻击目标的广泛性和保护的非全面性给予其大量的攻击机会。同时，网络的匿名性导致的"敌明我暗"的网络空间存在方式增加了主动防御的难度。

（二）商业安全逻辑

商业是推动国际体系演变的重要动力，结构自由主义认为的国家间相互依赖理论的形成与国际贸易的发展密不可分。从国际安全的角度来看，商业和贸易也是重要影响因素之一，如瓦森纳协议对于高科技出口的管制就是通过商贸来影响国际安全的重要机制。从国际网络安全角度来看，由于网络技术、产品和服务的军民两用程度越来越高，国家安全和政治考量正在逐步改变商业安全的逻辑，引起了关于"技术民族主义"的讨论。因此，商业安全逻辑是导致国际网络安全的困境的重要因素，只有认清其问题本质，并从供应链安全角度开展相应的国际治理工作，

2012 年 9 月 13 日，美国众议院情报委员会就中国的华为、中兴公司是否威胁美国国家安全的调查举行公开听证。

才能有效缓解网络空间的困境。

　　从国际网络安全视角来看，网络产品的军民两用性开始逐步改变传统商业逻辑中基于竞争、开放和合作等理念。在网络领域，技术、产品和服务的军民两用性表现得更加明显，对传统商业逻辑的影响也更大。如"斯诺登事件"揭露，包括微软、谷歌、推特、脸谱、亚马逊等在内的互联网企业与美国国家全局合作，在消费者和他国不知情的情况下向美国政府情报机构提供海量用户信息。① 不仅如此，包括美国国家安全局、网络战司令部在内的网络军事、情报机构都试图发现大型互联网企业服务与产品中

①　The Guardian, "NSA Prism program taps in to user data of Apple, Google and others", June 7, 2013. http://www.theguardian.com/world/2013/jun/06/us-tech-giants-nsa-data （上网时间：2018 年 7 月 2 日）

存在的漏洞，将其开发为网络行动的武器。因此，网络攻击的对象不再只是军事网络和政府网络，民用关键基础设施也不可避免地成为攻击对象。

从网络产品和服务的军民两用性来看，大型互联网企业的商业活动难以保持商业中立。军事和安全部门也需要使用先进的互联网产品和服务来提升能力，如美国亚马逊公司就向美国多个军事和情报机构提供云服务平台，提高美军的信息化水平。[①] 这种情况导致了各国政府对于境外互联网企业提供的产品与服务缺乏信任，更加倾向于使用来自本国的企业所提供的设备和服务，以确保这些外国互联网企业不会与他国政府共谋危害本国网络安全。同时，各国政府开始重新审视这些美国企业在境内商业活动的目的，普遍加强了对其他国家互联网企业的产品和服务的安全审查工作。随着网络安全困境的不断加剧，新的商业逻辑正在国际网络安全领域形成，这对于企业以及国家，以至于国际经济体系和安全体系而言都是新的挑战。这种趋势会破坏供应链安全，从而对全球贸易的发展产生严重后果。例如，中美在贸易领域的争端很大一部分内容与数字经济合作相关，美方公布的"301调查"中专门有一部分是关于网络安全引发的问题。美国政府还寻求扩大外国投资审查委员会（CFIUS）的权力，主张在芯片、人工智能等领域对与中国相关的投资、人员交流、科技合作等方面作出进一步限制。

（三）国际政治安全逻辑

冷战之后，国际政治安全主要是在权力政治与相互依赖两种理念之间博弈，大国关系领域既有权力政治的博弈也有经济相互依赖的合作。[②]

---

① The Sputnik News, "Amazon Collects Another US Intelligence Contract: Top Secret Military Computing", June 1, 2018.https://sputniknews.com/military/201806011065023768-amazon-collects-another-us-intelligence-contract/ （上网时间：2018 年 7 月 2 日）

② 罗伯特·基欧汉约瑟夫·奈著：《权力与相互依赖》，门洪华译，北京：北京大学出版社，2012 年。

2017 年 12 月 4 日，在浙江乌镇召开的第四届世界互联网大会举行"互联网国际高端智库：网络空间新型大国关系"论坛，就构建网络空间新型大国关系的原则、路径和方法、大国在网络空间国际规则制定中的作用等议题进行探讨。

网络空间作为新疆域，规则体系尚未建立，维护安全主要取决于国家能力，这导致政治安全逻辑的天平更加偏向了权力政治的一端。[①] 国际网络安全具有进攻和防御的两面性，从进攻角度而言，网络安全为国家谋取安全优势打下基础，国家实力既是维护网络安全的必要条件，也是谋取更为广泛的安全优势的支柱。由此衍生出的霸权思想、绝对安全观、单边主义、先发制人等权力政治的政治安全逻辑在网络空间逐渐流行。从防御角度而言，网络安全的威胁具有普遍性、跨国界等特点，客观上需要各国之间加强合作，共同应对威胁挑战。自由主义的相互依赖、集体安全、多边合作等理念是解决网络安全困境的重要方面。"斯诺登事件"

---

① 杨剑：《数字边疆的权力与财富》，上海：上海人民出版社，2012 年，67—88 页。

后，国家将关注的焦点聚焦在安全威胁上，由此导致现实主义的政治安全逻辑相较于自由主义更加受欢迎，推动了国际网络安全走向战略博弈、军备竞赛的方向。

国家还面临着网络安全作为一种非传统安全所带来的挑战。从传统安全角度来看，安全主要是国家层面的事情，实力是决定安全的最重要因素。由此可以认为，在军事战略、作战、科技等领域的领先国家，就一定会比其他国家更加安全。但是网络安全作为一种非传统安全，网络安全与信息化程度之间呈现负相关，信息化程度越高，则面临的威胁越多。尽管先进国家投入了大量的资源来维护网络安全，由于连接到互联网中的设备越来越多、关键基础设施越来越多，其所面临的网络安全风险并未下降，甚至还在不断上升。这使得政府难以对自身的网络安全防御拥有足够信心，安全的威胁会持续存在。这些网络安全特点演变出的国际政治安全逻辑导致了各国在网络安全政策上的不透明，缺乏必要的接触，难以开展合作。

三、构建国际网络安全的治理机制

国际网络安全困境是由不同层次因素共同影响的结果，当前国际治理工作主要集中在国际政治博弈领域，未能触及导致困境的根本原因。今后国际网络安全的治理工作应重点针对技术、商业和政治安全等领域存在的问题，加强治理机制的构建，从多边和双边等多种渠道加强合作，解决网络空间国际治理的困境。

（一）溯源与防御的治理

从网络安全技术逻辑来看，需解决溯源难和防御难的问题。溯源问

沈阳市公安局开展网络安全走访排查工作，为辖区内一些没有专门网络维护部门的中小企业排查、解决网络安全问题。

题之所以关键，是因为它涉及责任归属问题。由于缺乏客观中立的国际组织来对相应的网络安全事件进行调查，绝大多数涉及国家的网络攻击最后都不了了之，这种现象会鼓励更多的网络攻击发生，扰乱国际网络安全秩序。有学者认为，应当在联合国层面建立相应的机构，专门就网络攻击的溯源问题开展工作，在网络攻击发生后开展相应的调查，一旦这样的国际机构成立，必将对攻击者产生极大的震慑作用，从而遏制网络攻击高发的态势。要做到这一点还存在一定的难度，主要原因是少数大国垄断了溯源技术，既不愿意与其他国家进行分享，也不愿意协助联合国层面开展溯源的能力建设。[1] 对此，国际社会应当有明确的态度，

① Scott Warren and Martin Libicki, Getting to Yest With China in Cyberspace, California: RAND Corporation, 2016, p. 30.

克服少数国家的阻碍，支持联合国在溯源方面开展相应的工作。

防御难的问题需要从建立完善的防御体系和更加安全的标准入手来提供解决方案。国际网络安全的发展也适用于"木桶效应"。[①]从产品层面来看，任何一个部件的短板都会影响整个产品的安全水平。因此，国际社会应当提高网络产品和服务的标准。从国家层面来看，防御性较弱的国家决定了整体的国际网络安全水平。这是由于网络安全具有跨国界性，防御性较弱的国家会成为网络攻击者隐藏身份、发动攻击的重要环节。因此，解决网络安全防御难的问题不仅仅取决于单个国家保护能力的提升，更加依赖于全球总体网络安全防御能力的提升。应该鼓励各国建立更加完善的网络安全保护体系，并且在关键基础设施保护等方面开展合作。还需要将提升网络安全的能力建设作为治理的重要工作，提升发展中国家网络安全的保护水平。

（二）供应链安全治理

网络技术军民两用性对传统商业逻辑的改变，正在引发有关"技术民族主义"的担忧，需要从源头上解决国家安全的关切与正常商业逻辑的关系。这需要避免受到民族主义的影响，从更加专业的角度来探讨对网络技术军民两用性的国际治理，其中一个有益的视角就是从供应链安全角度来切入。"技术民族主义"主要表现为：只信任本国生产的产品，以国家安全名义排除使用其他国家的产品；以保护国家安全为由阻碍来自其他国家的正常的投资活动；利用垄断核心技术和产品的优势拒绝向他国出售相应的技术和产品，以此来产生威慑效应。目前，西方主要大

---

① "木桶效应"是指在水桶中最短的那一块板决定了整个水桶能够承载的水位，网络安全中薄弱的环节和较弱的国家决定了国际网络安全的整体水平。

国在网络安全政策上都有一定的"技术民族主义"趋势，其中特朗普政府尤为明显，先是禁止联邦政府使用俄罗斯卡巴斯基网络安全软件，后是针对中国加大了投资安全审查。[①]

"技术民族主义"会对国际贸易造成扭曲，有损贸易的公平原则。同时，"技术民族主义"也是一种经不起推敲的安全观，认为本国的产品和服务一定会比国外的产品和服务安全。正常情况下，安全取决于产品的质量和保障，而非生产者的国籍。只有在某些特定的情况下，才会出现危害国家安全的情况，如生产者与一国的安全部门合作，刻意设置漏洞和后门来破坏其他国家的网络安全。加强供应链安全的国际治理工作是应对军民两用问题的有效解决方案。首先，国际社会应当为网络设备和产品提供更加安全的标准体系。其次，各国政府应该达成共识，不在民用网络安全产品中植入后门与漏洞。美国微软公司在"数字日内瓦公约"中就倡议政府"不以科技公司、私营部门或关键基础设施为攻击目标"。[②] 最后，国家应当将重心放在网络安全和服务的审查上，而非以破坏贸易规则的形式来拒绝国外的产品和投资。国家应建立对网络安全设备和服务进行安全审查的能力，这样才能建立对产品和服务的信心，恢复对于企业的信任，并对这些企业形成一定的震慑能力。如中国政府制定了《网络产品和服务安全审查办法》，以提高网络产品和服务安全可控水平，防范网络安全风险，维护国家安全。[③]

---

① Jeanne Shaheen, "The Russian Company That Is a Danger to Our Security", Sept. 4, 2017, https://www.nytimes.com/2017/09/04/opinion/kapersky-russia-cybersecurity.html（上网时间：2018 年 7 月 2 日）

② Kate Conger, "Microsoft calls for establishment of a digital Geneva Convention", Tech Crunch, February 14, 2017.

③ 国家互联网信息办公室：《网络产品和服务安全审查办法》，2017 年 5 月 2 日，http://www.cac.gov.cn/2017-05/02/c_1120904567.htm（上网时间：2018 年 7 月 2 日）

（三）建立信任措施

通过建立信任措施，可以改变政治安全逻辑发展方向。技术逻辑与商业逻辑层面的有效治理会降低国家对威胁强度的判定，有助于推动政治安全逻辑的天平从权力政治向相互依赖转变。建立信任措施最初形成于冷战时期的军事联盟之间，目前该措施已扩大至包括军事和非军事在内的其他领域。联合国信息安全专家组一直将建立信任措施视为建立网络规范的重要任务。国际网络安全领域的建立信任措施包括稳定、合作和透明度三个层面。稳定类的措施包括加强危机管控、冲突预防，建立热线等机制；合作类的措施包括应急响应层面的数据和信息共享、网络反恐、打击网络犯罪；透明度领域的措施涉及网络战略、国防战略、组织架构、人员角色等信息。建立信任措施是各国分歧比较小的领域，难

2015 年 9 月 13 日，以"互联网 + 海上丝绸之路——合作·互利·共赢"为主题的中国—东盟信息港论坛在广西南宁开幕。

2015 年 9 月 13 日，中国国家互联网信息办公室与老挝邮电部在广西南宁签署《网络空间合作与发展谅解备忘录》，两国将在互联互通、电子商务、大数据、移动互联网服务以及互联网安全等领域展开合作。

点在于如何落实。第四届专家组（2014—2015）在前期成果的基础之上，提出了建立更高水平的信任措施，包括建立政策联络点，建立危机管控机制，分享有害信息和最佳实践，在双边、区域和多边层面加强技术、法律和外交合作机制，加强执法合作，鼓励计算机应急响应机构开展实质性的协调、演习、最佳实践等。①

从当前网络空间的安全现状和面临的风险挑战来看，专家组提出的建立信任措施非常有针对性，有助于各国加强网络安全合作，避免危机升级，共同维护网络空间安全。但是各国能否采纳专家组的建议，还受

① Group of Governmental Experts on Developments in the Field of Information and Telecommunications in the Context of International Security, UN General Assembly Document A/70/174, July 22, 2015.

2015 年 9 月 23 日，第八届中美互联网论坛在美国西雅图市微软总部举行。

到传统的国家间关系影响。从大国之间建立信任措施的实际效果来看，美欧在建立信任措施领域取得的成果最为丰硕；中俄之间也建立了一定程度的信任措施；中美之间建立了执法与网络安全对话，因此也在个别领域保持了信任措施。美俄之间由于俄罗斯接纳了斯诺登的避难请求，而中断了网络安全工作组，并且随着"黑客干预大选事件"，双方之间的已有信任措施已完全中断，短期内美俄网络对话很难恢复。[①] 由此可见，网络安全信任建立难，信任消失却很快。因此，从双边关系来看，建立信任措施应是解决网络安全困境的重点工作，各方需要在此问题上取得共识，克服困难共同推进。

---

①   Clint Watts, "How Russia Wins an Election", Politico Magazine, December 13, 2016.

第三节
构建网络空间命运共同体

一、构建网络空间命运共同体的五点主张

2015 年 12 月中国国家主席习近平在第二届世界互联网大会开幕式的讲话指出，"网络空间是人类共同的活动空间，网络空间前途命运应由世界各国共同掌握。各国应该加强沟通、扩大共识、深化合作，共同构建网络空间命运共同体"。他还结合当前全球网络空间安全、发展和治理的实际情况提出五点具体主张："第一，加快全球网络基础设施建设，促进互联互通；第二，打造网上文化交流共享平台，促进交流互鉴；第三，推动网络经济创新发展，促进共同繁荣；第四，保障网络安全，促进有序发展；第五，构建互联网治理体系，促进公平正义。"

习近平主席提出的构建网络空间命运共同体的五点主张主要有以下三点重要意义。其一，彰显了网络空间命运共同体的系统性。这五点主张分别从基础设施建设、网上文化交流、网络经济发展、网络安全保障和互联网治理体系五个方面提出了网络空间命运共同体建设的任务与目

2015年12月16日，第二届世界互联网大会在浙江乌镇开幕，
中国国家主席习近平出席开幕式并发表主旨演讲。

标，并对其面临的挑战和解决办法进行了系统性的回答。其二，阐释了
中国建设网络空间命运共同体的主要路径。主张加快基础设施建设，"网
络的本质在于互联，信息的价值在于互通。只有加强信息基础设施建设，
铺就信息畅通之路，不断缩小不同国家、地区、人群间的信息鸿沟，才
能让信息资源充分涌流。"强调文化交流，"文化因交流而多彩，文明
因互鉴而丰富。互联网是传播人类优秀文化、弘扬正能量的重要载体"。
倡导发展网络经济，"世界经济复苏艰难曲折，中国经济也面临着一定

下行压力。解决这些问题，关键在于坚持创新驱动发展，开拓发展新境界"。注重网络安全，"安全和发展是一体之两翼、驱动之双轮。安全是发展的保障，发展是安全的目的。网络安全是全球性挑战，没有哪个国家能够置身事外、独善其身，维护网络安全是国际社会的共同责任。"构建互联网治理体系，"国际网络空间治理，应该坚持多边参与、多方参与，由大家商量着办，发挥政府、国际组织、互联网企业、技术社群、民间机构、公民个人等各个主体作用，不搞单边主义，不搞一方主导或由几方凑在一起说了算"。其三，提出了中国方案和中国愿与多方合作的主要领域。在基础设施建设领域，"中国正在实施'宽带中国'战略，预计到 2020 年，中国宽带网络将基本覆盖所有行政村，打通网络基础设施'最后一公里'，让更多人用上互联网。中国愿同各方一道，加大资金投入，加强技术支持，共同推动全球网络基础设施建设，让更多发展中国家和人民共享互联网带来的发展机遇。"在文化交流领域，"我们愿同各国一道，发挥互联网传播平台优势，让各国人民了解中华优秀文化，让中国人民了解各国优秀文化，共同推动网络文化繁荣发展，丰富人们精神世界，促进人类文明进步。"在网络经济领域，"中国正在实施'互联网+'行动计划，推进'数字中国'建设，发展分享经济，支持基于互联网的各类创新，提高发展质量和效益。中国互联网蓬勃发展，为各国企业和创业者提供了广阔市场空间。中国愿同各国加强合作，通过发展跨境电子商务、建设信息经济示范区等，促进世界范围内投资和贸易发展，推动全球数字经济发展。"在网络安全领域，"中国愿同各国一道，加强对话交流，有效管控分歧，推动制定各方普遍接受的网络空间国际规则，制定网络空间国际反恐公约，健全打击网络犯罪司法协助机制，共同维护网络空间和平安全。"在互联网治理领域，"各国应该加强沟通交流，完善网络空间对话协商机制，研究制定全球互联网治理规则，使全球互联网治理体系更加公正合理，更加平衡地反映大多数国家意愿和利益。举办世界互联网大会，就是希望搭建全球互联网共享共治的一个平台，共同推动互联网健康发展。"

二、构建网络空间命运共同体坚持的基本原则

构建网络空间命运共同体的五点主张要得以有效落实，不仅需要国际社会在这五个领域加强对话合作，还需要各方秉承相互尊重、互谅互让的精神，坚持以和平、主权、共治和普惠作为指导原则。

第一，和平原则。网络空间作为人类创造的新疆域存在着不同的行为主体和利益诉求，然而当前该领域的治理机制和规则体系尚未建立完善，各方的博弈极易引发冲突与对抗。因此，坚持以和平原则作为争端解决的主要指导原则是维护网络空间和平的基础。国际社会要切实遵守《联合国宪章》宗旨与原则，特别是不使用或威胁使用武力、和平解决争端的原则，确保网络空间的和平与安全。与此同时，在该原则下还需要制定一系列的配套措施与制度以约束破坏和平原则的行为，确保国际社会能够共同受益于和平解决争端，对于破坏和平原则的行动进行约束。

第二，主权原则。《联合国宪章》确立的主权平等原则是当代国际关系的基本准则，覆盖国与国交往的各个领域，也应该适用于网络空间。国家间应该相互尊重自主选择网络发展道路、网络管理模式、互联网公共政策和平等参与国际网络空间治理的权利，不搞网络霸权，不干涉他国内政，不从事、纵容或支持危害他国国家安全的网络活动。各国政府有权依法管网，对本国境内信息通信基础设施和资源、信息通信活动拥

2017年12月3日，第四届世界互联网大会在浙江乌镇开幕。本届大会主题为"发展数字经济 促进开放共享——携手共建网络空间命运共同体"。

有管辖权，有权保护本国信息系统和信息资源免受威胁、干扰、攻击和破坏，保障公民在网络空间的合法权益。各国政府有权制定本国互联网公共政策和法律法规，不受任何外来干预。各国在根据主权平等原则行使自身权利的同时，也需履行相应的义务。各国不得利用信息通信技术干涉别国内政，不得利用自身优势损害别国信息通信技术产品和服务供应链安全。

第三，共治原则。网络空间是人类共同的活动空间，需要世界各国共同建设，共同治理。网络空间行为体的多元化特性使多边参与成为议题广泛的网络空间治理的首要途径。但目前国际上部分学者和官员将多利益攸关方治理模式绝对化或者泛化，导致了很多无谓的争议。多边治理与多利益攸关方治理并不应该被视为冲突矛盾，相反，应根据具体的议题属性和现实情况采取不同的治理方式。如当涉及国际安全的领域时，国家作为主要的行为体理应发挥主导作用，联合国是主要的治理平台。当涉及技术、文化、经济等方面的治理议题时，发挥技术社群、私营部门、社会团体的力量更加有利于治理的有效性及机制的完善。

第四，普惠原则。网络空间是人类智慧和文明创造的产物，全人类都应当享有网络空间所带来的便利与福利。各国在网络领域的发展水平还存在较大的差异，数字鸿沟，特别是人工智能、大数据等新型互联网技术导致的新型数字鸿沟给广大发展中国家带来了很大的挑战。国际社会应围绕 2030 年可持续发展议程，加强在双边、区域和国际的发展合作，

2017 年 6 月 30 日，75 名来自巴拿马、加纳、南非等 20 个发展中国家的 "2017 计算机软硬件及网络技术培训班" 学员，来到正在贵阳举行的贵州装备博览会上进行参观学习。图为一名外国学员体验 VR 赛车。

特别是应加大对发展中国家在网络能力建设上的资金和技术援助，帮助他们抓住数字机遇，跨越"数字鸿沟"。

三、网络空间命运共同体的思想来源

第一，"网络空间命运共同体"是中国处理网络空间国际关系时高举的新旗帜，是以应对网络空间共同挑战为目的而提倡的全球价值观。承担"共同责任"是构建"网络空间命运共同体"的前提条件，它所倡导的是合作共赢、彼此负责的处事态度，是平等相待、互商互谅的伙伴关系，是管控分歧、相向而行的安全理念，是开放创新、包容互惠的发展前景，是和而不同、兼收并蓄的文明潮流。[①]"这一思想，立足人类发展全局，深刻把握网络空间发展规律，针对数字鸿沟不断扩大、网络安全风险日益上升、传统霸权思想和冷战思维向网络空间渗透蔓延等突出矛盾，科学回答了网络空间是什么、怎么办的根本问题，越来越得到全世界有识之士的理解和赞同，是我国对全球网络空间发展的重大理论贡献，也应该成为全球网络空间发展的指导思想。"[②]

第二，"网络空间命运共同体"是人类命运共同体思想的延伸。2015年9月，在联合国成立70周年系列峰会上，习近平总书记全面阐述了人类命运共同体理念的内涵。他首先援引了《礼记》中孔子的话——"大道之行也，天下为公"，意在指出国际治理的终极原则和目标在于世界为全人类所共有，进而指出"和平、发展、公平、正义、民主、自

---

① 左晓栋：《谱写信息时代国际关系新篇章》，《人民日报》，2017年3月3日。

② 单立坡：《负责任大国的国际担当》，《人民日报》，2017年3月3日。

由，是全人类的共同价值，也是联合国的崇高目标"。这是在情况迥然的世界各国之间，在信仰各异的人类群体之间构建人类命运共同体的价值观基础。现在，这些崇高目标远未完成，还需要人类持续努力。为此，他提出，应从伙伴关系、安全格局、经济发展、文明交流、生态体系五个方面推动构建人类命运共同体。[①] 这一重要思想，延伸到网络空间治理领域，便是构建"网络空间命运共同体"的主张。

2017年1月17日，习近平总书记在联合国日内瓦总部发表题为《共同构建人类命运共同体》的主旨演讲，进一步系统阐释了人类命运共同体理念。他指出，中国主张通过构建人类命运共同体实现共赢共享，实现各国人民对未来的期待。他强调，《联合国宪章》明确的四大宗旨和七项原则，以及60多年前万隆会议倡导的"和平共处五项原则"等国际关系演变积累形成的一系列公认原则，应该成为构建人类命运共同体的基本遵循。他提出，建设人类命运共同体应坚持对话协商，建设一个持久和平的世界；坚持共建共享，建设一个普遍安全的世界；坚持合作共赢，建设一个共同繁荣的世界；坚持交流互鉴，建设一个开放包容的世界；坚持绿色低碳，建设一个清洁美丽的世界。这五个方面形成了人类命运共同体的基本内涵，也是构建人类命运共同体的基本路径。[②] 这些论述完全适用于"网络空间命运共同体"建设。

第三，"人类命运共同体"思想及其指导下的"网络空间命运共同体"

---

① 习近平：《携手构建合作共赢新伙伴　同心打造人类命运共同体——在第七十届联合国大会一般性辩论时的讲话》，《人民日报》2015年9月29日，第2版，转引自张辉：《人类命运共同体：国际法社会基础理论的当代发展》，《中国社会科学》2018年第5期。

② 参见习近平：《共同构建人类命运共同体——在联合国日内瓦总部的演讲》，《人民日报》2017年1月20日，第2版，转引自张辉：《人类命运共同体：国际法社会基础理论的当代发展》，《中国社会科学》2018年第5期。

主张，是中华民族传统文化的结晶，是对中国几千年文明的传承和发扬。中国道家强调"道法自然"，重视依循客观规律处理人与自然的关系，其核心思想与现代可持续发展观念非常契合。对于自然万物的利用，道家强调取之有度，反对竭泽而渔。中国古代的天下观，主张将世界视为一个相互联系的整体系统，而非相互对立的个体组合。"人类命运共同体"治理思想体现了中华文明中"天人合一""和谐共生"的理念，是解决当代全球问题的中国智慧。其核心在于兼顾整体利益与个体利益，兼顾眼前利益和长远利益，重视社会发展的可持续性以及人与自然的相互支撑。这正是解决当今全球问题、特别是新疆域治理最需要的核心价值。①

---

① 杨剑：《以"人类命运共同体"思想引领新疆域的国际治理》，《当代世界》2017 年第 6 期。

第二章
中国参与网络空间国际安全治理的主张与实践

中国从选择"接入"互联网的第一天起，就成为推进互联网全球普及与应用、积极参与网络空间国际治理的重要力量，其间，不仅有理念的输出，更有实践的推进，二者相辅相成，共同构成中国参与网络空间国际治理的路线图。尤其是随着互联网技术与应用的"双刃剑"作用日益显现，安全问题不仅成为影响网络空间整体稳定的重要因素，更成为网络空间整体发展的首要桎梏。当前网络空间治理在追求"发展"与"安全"的平衡过程中，不得不将治理重心更多地向网络安全治理倾斜。在此过程中，中国全方位、多渠道地参与了相关治理进程，与国际社会各方一道共同探索有效治理的路径与方案，共同致力于"和平、安全、开放、合作、有序"的网络空间建设。

第一节
网络空间国际治理整体
进入突出安全治理的新阶段

网络空间国际治理始终围绕两大主线，即"发展"与"安全"，确保二者的平衡被视为网络空间治理的目标。但绝对的平衡只是一种理想状态，是国际社会各方共同追求的目标。实践证明，二者从来都是相对的平衡，在不同历史时期，网络空间国际治理重心总是在"发展"或"安全"的优先考虑上有所偏向。当前种种迹象表明，网络空间国际治理已进入历史发展新阶段，在各种因素作用下，"发展"与"安全"平衡的天平再次发生倾斜，相较于发展诉求，安全诉求成为更加突出的核心关切，网络空间国际安全治理的重要性日益突出。

一、技术与应用的发展驱动

互联网技术架构从其最初设计本身而言，追求的是互联互通与全球普及，是一个旨在"发展"的架构，天然地不是一个追求"安全"的架构。因此，从互联网产生直到 21 世纪头 10 年，互联网技术的商业化与社会化进程不断加快，互联网成为全球重要信息基础设施，互联网与社会的交互性亦进一步加强。此阶段的特点，就是技术与应用的不断推陈出新，国际社会各方考虑得更多的是如何最大限度地发挥互联网技术给社会带来的变革性积极影响。虽然在此过程中，一些网络安全问题也开始显现，但仍主要集中反映在技术层面，如垃圾邮件、蠕虫病毒等，即使涉及一些社会领域，如网络犯罪开始日益增多，但一切似乎都在可控范围，未引起各方足够重视。这也是为什么在当时，国际社会对于网络空间治理目标的认知更多偏重于"促发展"的原因比如在 2003 年与 2005 年的信息社会世界峰会（WSIS）日内瓦会议与突尼斯进程中，虽

2005 年 11 月 16 日，联合国秘书长安南在突尼斯首都召开的信息社会世界峰会第二阶段会议上发表讲话。

然国际社会对互联网治理的认知开始从技术转向综合治理，但仍认为工作重点应该是"各国政府、私营部门和公民社会根据各自的作用制定和实施旨在规范互联网发展和使用的共同原则、准则、规则、决策程序和方案"，聚集点明显在"发展与使用"上，之后的互联网治理论坛 (Internet Governance Forum, IGF) 的议题设置更多的也是对于发展的考量。但近些年来形势发生很大变化，技术本身的安全风险特性进一步显现，互联网技术发展进入新阶段，物联网、大数据、云计算、人工智能与区块链等"基于互联网的"技术与应用不断落地，呈现"网网互联""物网互联"甚至"人物互联"等互联网技术应用新趋势。相较于追求"互联互通"的初始技术，这些新技术与新应用显现出显著的新特点，国际社会各方从其产生与应用之初，就高度关注其中蕴含的安全风险，在其设计与产生之时，就有基于安全的架构设计与考虑。

二、重大突发性事件的"催化作用"

这里不得不再次提及"斯诺登事件"带来的影响。虽然该事件已过去 5 年，但事件的深远影响仍在不断显现，其中最为重要的就是该事件在客观上使得国际社会各方从战略高度全面审视网络空间的安全问题，安全关切前所未有地深入人心，并在很大程度上促使各国将网络安全作为核心利益关切。再加上随着国家主体之间的网络空间战略竞争日益白热化，尤其是其与现实空间博弈相互融合与振荡，非国家主体不断利用"低门槛"与"非对称力量"在网络空间拓展，网络空间形势更趋复杂，网络犯罪与网络恐怖主义等使得网络安全形势更趋恶化，国际社会各方开始认识到"保安全"至关重要。没有安全，何谈发展？这也是为

2009 年 11 月，第四届互联网治理论坛在埃及举行，议题涉及网络安全、云计算、社交网站、开放性与隐私保护等。

什么在 2015 年底的信息社会世界峰会成果落实十年审查进程高级别会议（WSIS+10 HLM）上，国际社会在探讨新一轮信息社会十年（2016—2025 年）发展目标时，安全关切格外突出的原因。这种安全关切充分体现在大会成果文件（Outcome Document）中，如肯定"政府在涉及国家安全的网络安全事务中的'领导职能'"，强调国际法尤其是《联合国宪章》的作用；指出网络犯罪、网络恐怖与网络攻击是网络安全的重要威胁，呼吁提升国际网络安全文化、加强国际合作；呼吁各成员国在加强国内网络安全的同时，承担更多国际义务，尤其是帮助发展中国家加强网络安全能力建设等。

三、国际社会认知的形成

现阶段，国际社会对于安全治理的重视从某种意义上讲是符合认知规律的，即对于安全问题的认知需要一定时间来形成和发生相应的转变。一方面，认知的形成本身具有一定"滞后性"。互联网发展历程的驱动因素首要的是技术及其应用，在应用的过程中，技术往往具有"双刃剑"作用，在促进发展的同时亦会带来各种问题，这些问题可能是技术上的，但更多是引发许多社会安全隐患或监管难题。但这些问题的显性化需要一定时间，即很多时候，应用之后才会出现或发现问题。因此，国际社会对于安全问题的认知天然具有一定的"滞后性"。这也是为什么早期安全问题未能引起足够广泛关注的因素之一。另一方面，是认知的改变需要足够冲击力。很多安全问题并不是国际社会一认识到，就能得到重视与应对，只有当这些问题由于缺乏及时反应和妥善应对，对发展进程形成桎梏，这些桎梏带来现实冲击时，这些安全问题才会最终得到足够重视。简言之，就是安全威胁与事件必须具备足够的爆发频度与烈度，才能引起国际社会的有效反应。远的不提，以 2017 年为例，全球性勒索软件"WannaCry"波及全球 150 个国家，感染近 20 万台电脑，而这些电脑大都集中在医疗、能源等重要民生领域。更为关键的是，此事件的调查扑朔迷离，姑且不论真相如何，事件所揭示出的"网络武器库"问题以及"美朝网络冲突"等深层次安全隐患令人担忧。国际社会对该事件的认识逐步深化，从黑客攻击上升到对"网络武器库"的管理，再到"网络与现实空间政治冲突迭加"带来的风险问题。再如大规模数据泄露问题，2017 年，大规模数据泄露事件成为网络安全领域的"新常态"，数据安全关切上升到前所未有的高度，这些问题不仅涉及公民隐私与国

2017年5月，勒索病毒WannaCry席卷全球，至少150个国家受到网络攻击。图为5月13日在德国莱比锡火车站拍摄的无法正常工作的电子时刻表。

家安全，更对社会与政治稳定带来极大影响，2017年7月在瑞典发生的公民敏感数据泄漏，就引发了一场政治危机。正是在这些不断爆发的大型网络安全事件的冲击下，国际社会对于安全治理的关切才一步步上升。

当然，对于新阶段"保安全"重于"促发展"的判断需要说明两点：首先，这不是一种"绝对"的观点。所谓"重于"是相对而言，并不是说完全不考虑发展，而是安全问题成为网络空间发展的主要矛盾或矛盾的主要方面，如不能有效解决，不仅影响安全，还会对发展形成严重桎梏。因此，国际社会对安全问题的关注度会更高一些，治理资源的投入也会随之更集中在安全治理领域。其次，这也不是一个"消极"的观点。

认为安全治理成为重心并不否认发展取得的成果，更不是危言耸听地对未来发展不抱希望。实际上，现阶段安全关切的上升只是网络空间治理发展的必经阶段，它不仅符合技术与应用发展的客观规律，亦符合国际社会各方的认知规律。

2018年4月10日，Facebook首席执行官马克-扎克伯格出席美国国会参议院下属商业委员会和司法委员会举行的联合听证会，就数据泄露事件作出解释。

第二节
中国参与网络空间国际安全治理的实践

中国对于网络空间国际安全治理的参与是一个阶段性的发展过程，总体而言，既与国际安全治理发展大势相适应，又与国内互联网发展与应用阶段相适应。参与重心、方式与影响力因而呈现出鲜明的"时代性"特征。这个过程的大致脉络是：从互联网发展初期参与"以技术为中心"的安全治理，到互联网快速发展期在"综合性"安全治理方面积极作为，再到近些年来，发挥"大国担当"与"大国责任"的主观能动性，提出"构建网络空间命运共同体"的战略构想，开始探索"中国主张"与"中国方案"，引领国际社会迈向共同安全与共同发展。

一、互联网发展初期：参与"以技术为中心"的安全治理

严格意义上的互联网国际治理出现在20世纪90年代，标志性事件是一系列专注于互联网技术维护与标准制定的 I* 治理机构的涌现，尤其是美国政府商务部决定成立互联网数字与地址分配公司（ICANN）来负责互联网基础资源的分配与管理。当时国际社会对于互联网的认知主要

集中在"技术"方面，认为互联网作为一种传输与分享信息的技术架构，其本质特征是开放、自由、平等和共享。而基于这种技术架构而形成的网络空间天生具有"去中心化"与"虚拟"特质，其发展依赖于内在发展规律。因此，更加注重从发展的角度，以技术实现全球互联与互通。此阶段对安全问题的应对也同样是以技术为中心的，即通过方案、标准与协议确保网络架构运行的安全与稳定。

随着中国互联网的全国性普及与国际接入，中国开始逐步参与到互联网治理进程之中。鉴于当时处于发展初期，中国参与的重点是拓展接入与安全运行。当时的治理实践无论从国内来看还是从国际来看，都主要集中在技术领域，即所谓的"物理层"（互联网物理架构）与"逻辑层"（互联网传输协议等），以实现联结与确保运转。因此，一方面，中国

据中国互联网络信息中心发布数据，截至 2018 年 12 月，中国网民规模达 8.29 亿，普及率达到 59.6%，超过全球平均水平 2.6 个百分点。

在国内积极推动联接技术与协议标准的出台。如 1994 年 5 月，中国科学院计算机网络信息中心完成了中国国家顶级域名（CN）服务器的设置；1996 年 9 月，中国金桥信息网（CHINAGBN）开始提供专线集团用户的接入和个人用户的单点上网服务；1996 年 4 月，邮电部发布《中国公用计算机互联网国际联网管理办法》；1997 年 5 月，国务院信息化工作领导小组发布《中国互联网络域名注册暂行管理办法》等；1999 年 5 月，在清华大学网络工程研究中心成立了中国第一个安全事件应急响应组织 CCERT 等。另一方面，中国在国际上则主要是参与和跟进 I* 相关机构的工作。1998 年 ICANN 成立，中国互联网络信息中心（CNNIC）作为".cn"域名的注册管理机构，从 ICANN 成立伊始就参与 ICANN 相关活动，当时 CNNIC 的技术负责人钱华林出席了第一届 ICANN 会议。1999 年 10 月，清华大学吴建平教授当选 ICANN 地址支持组织（ASO）的委员会成员，信息产业部电信管理局陈因副局长作为中国代表参加了 ICANN 的 GAC 大会；1996 年 3 月，清华大学提交的适应不同国家和地区中文编码的汉字统一传输标准被 IETF 通过，成为中国国内第一个被认可为 RFC 文件的提交协议。

二、互联网快速发展期：积极推动综合性安全治理进程

21 世纪头十年，全球互联网发展进入快速发展期，尤其是社会化与商业化进程全面推进。此阶段，互联网国际治理的理念与实践亦出现转变。标志性的事件是 2003 年、2005 年联合国主导下的"信息社会世界峰会（WSIS）"日内瓦、突尼斯阶段会议的召开。鉴于进入 21 世纪以来，互联网已成为重要全球信息基础设施，并以极大的广度与深度渗透到社会的各个方面，涉及诸多领域的公共政策协调及国际博弈，以技术为中

纽约时间 2005 年 8 月 5 日，百度在线网络技术有限公司宣
布在纳斯达克正式上市。

心的治理理念与相应机构设置在应对越来越多的"非技术"问题时，力
有不逮。因此，在联合国的推动下，开启 WSIS 进程，并成立"联合国
互联网治理工作组（WGIG）"和"互联网治理论坛 (IGF)"，标志着国
际社会开始从综合治理角度展开深入细致的探讨。2005 年 6 月，WGIG
在工作报告中对互联网治理的工作定义（Work Definition）为："互联网
治理是各国政府、私营部门和民间社会根据各自的作用制定和实施旨在规
范互联网发展和使用的共同原则、准则、规则、决策程序和方案"。

自此，国际社会各方对于网络空间国际治理，尤其是国际安全治理的对象与内容的认知更加广泛，安全不再仅仅是维护技术架构的安全，还包括互联网使用与应用过程中出现的包括技术与社会领域在内的所有安全问题。除垃圾邮件、蠕虫病毒等问题外，网络犯罪等问题进入国际社会视野，甚至包括一些所谓"影响超越互联网本身的领域"，如网络知识产权、网络经济带来的国际贸易等问题以及"其他互联网相关的问题"。举例来说，当时国际社会开始讨论数字鸿沟及发展中国家网络能力短板等问题，一方面是从发展的视角，但另一方面也是从安全的视角，认为根据"木桶原理"，网络安全的整体水平取决于"最短板"，而发展中国家网络安全能力不足将成为制约网络空间整体安全水平的重要因素。

与此发展相一致，21 世纪初开始，中国互联网亦开始进入快速、全面发展期。如 2000 年 5 月，中国移动互联网（CMNET）投入运行并正式推出"全球通 WAP（无线应用协议）"。2001 年，中国电信开通 Internet 国际漫游服务。此外，中国互联网公司发展迅猛，如 2005 年 3 月，百度公司在美国纳斯达克挂牌上市；8 月，雅虎在中国的全部业务交给阿里巴巴经营管理。与此同时，以"博客"为代表的 Web2.0 概念推动了中国互联网的发展，催生出一系列社会化的新事物。正是在此时期，互联网成为真正意义上的重要经济引擎与重要社会平台。但与此同时，与互联网相关的各类安全问题的严峻性亦开始显现。中国政府积极应对挑战，在国内，相关部委着力推进各项网络安全政策措施外，在国际上，则主动参与相关综合治理工作。2003 年 12 月，WSIS 第一阶段会议在日内瓦召开，中国派出以信息产业部部长王旭东为团长的政府代表团，并在会上发表了题为"加强合作、促进发展、共同迈向信息社会"的主题发言，就信息通信网络安全、互联网管理、人权与言论自由以及缩小"数字鸿沟"等问题作了阐述。在峰会期间，中国还作为主要动议者，参与提出以互联网关键地址资源管理为核心的全球互联网治理问题，并参与了 WGIG 报告起草全过程，提交了中国政府和社群的意见。2005 年 11 月，WSIS 第二阶段会议在突尼斯召开，中共中央政治局常委、国务院副总理黄菊率中国政府代表团出席，并在会上发表了题为"加强合作，促进发展，共创信息社会美好明天"的主题发言，从促进协调发展、加强国际合作、充分尊重各国社会制度差异性和文化多样性等四个方面阐述了中国的治理理念与主张。此外，WSIS 突尼斯阶段会议成立互联网治理论坛（IGF），作为一个多边的、多利益攸关方参与、民主和透明的论坛，推动国际互联网治理进程。IGF 是 WSIS 的重大成果之一，并成为各利益相关方广泛参与的全球互联网治理的主要舞台。2011 年"多利益相关方咨询组"（Multi-stakeholder Advisory Group - MAG）成立，其职责是就 IGF 的组织和日常工作为联合国秘书长提供建议。IGF 从启动到今天，已经成为全球认可的重要互联网治理平台，中国一直是积极参与者。在历届的 IGF 上，工业和信息化部、国家互联网信息办公室、外交部等政府部门都派代表参加会议。除中国互联网协会、中国科协、CNCERT 外，中国通信标准化协会、中国信息通信研究院、CNNIC、国内的一些科研院所和百度、奇虎 360、易传媒、易宝支付、腾讯等部分互联网企业也都有参与。在这些会议上，中国在垃圾邮件治理、行业自律、信息无障碍、网络安全措施、文化多样性方面取得的成绩和主张得到认可。

三、近年来："网络空间命运共同体"引领下的安全治理

众所周知，2013 年夏天"斯诺登事件"的曝光成为网络空间国际治理转型的重要"触发点"。在此之前，治理进程一直处于缓慢的渐进式改革中，"斯诺登事件"加快了相关议程与实践的推进，尤其是国际社会对于网络空间安全的关切上升到前所未有的战略高度。2013 年 10

月，传统技术治理机构 I* 共同发布"蒙得维的亚声明"，谴责美国政府实施全球监控行为；2014 年 ICANN 与巴西政府合作共同举办"巴西互联网大会"（Net-Mundial），呼吁改革现有治理机制；紧接着，国际社会各方采取积极行动，以推进 ICANN 国际化进程，改变美国政府监管互联网基础资源分配与管理机制为切入点，推进该领域的机制改革。2014 年 3 月美政府作出放权承诺，2016 年 10 月 1 日完成放权。与此同时，各种层级的治理论坛与会议开启了多边、区域和双边等国际议程，如 G7、G20 均将网络空间安全治理纳入议题；2015 年 12 月 14—16 日，联合国"信息社会世界峰会十周年成果审议高级别会议"（WSIS+10 HLM）在纽约召开；联合国 GGE 工作亦不断推进，2016 年，第五届联合国 GGE 工作开启。此阶段，这些议程具有一个突出的特点，即从战

2015 年 12 月 15 日，联合国秘书长潘基文在联合国大会举行的世界信息社会峰会 (WSIS) 高级别会议上发表讲话。

略高度聚焦安全问题。

一是将安全治理作为治理目标与方向的重要内容。WSIS+10 HLM 明确提出新一轮信息社会十年（2016—2025 年）进程的发展目标。大会成果文件（Outcome Document）提出了信息社会发展及治理的基本框架与原则，尤其是确立了一系列新的治理目标及重点领域，其中安全治理内容十分突出，如肯定了"政府在涉及国家安全的网络安全事务中的'领导职能'"，强调国际法尤其是《联合国宪章》的作用；指出网络犯罪、网络恐怖与网络攻击是网络安全的重要威胁，呼吁提升国际网络安全文化、加强国际合作；呼吁各成员国在加强国内网络安全的同时，承担更多国际义务，尤其是帮助发展中国家加强网络安全能力建设等。

二是重点关注网络空间行为规范制定。国际社会普遍认为，当前网络空间安全形势严峻的根源，除了技术与应用本身的发展特性外，行为规范的缺失是主要根源。因此，加强对网络空间国家行为主体与非国家行为主体的规则制定是实现有效安全治理的关键。从国家行为主体规范层面来看，比较有代表性的联合国专家小组（GGE）报告和《塔林手册》的推出。第三届 GGE 报告确认，国家主权和源自国家主权的国际规范和原则适用于国家进行的信息通信技术活动，以及国家在其领土内对信息通信技术基础设施的管辖权。2015 年第四届专家组进一步充实了相关内容，进一步纳入国家主权平等原则、不干涉内政原则、禁止使用武力原则、和平解决国际争端原则以及对境内网络设施的管控责任等内容，进一步完善了规范体系。更为重要的是第 70 届联大协商一致通过了俄罗斯、中国和美国等 82 个国家共同提出的信息安全决议，授权成立新一届专家组，继续讨论国际法适用、负责任国家行为规范、规则和原则等问题。2016 年围绕新的工作要求，新一届 GGE 的工作稳步推进，重点是落实负责任的国家行为准则，建立信任和能力等领域多项可操作性

2011 年 4 月 28 日，上海合作组织成员国公安内务部长会议在哈萨克斯坦首都阿斯塔纳举行，与会者就信息技术使用及网络犯罪等问题进行了磋商和交流。

措施。虽然此届 GGE 未能达成最终成果性文件，但相关问题的探讨得以深入和细化仍然有着积极意义。此外，北约卓越合作网络防御中心分别于 2013、2016 年陆续推出《塔林手册》（1.0 与 2.0 版），主要围绕战时网络行动规范，探讨武装冲突法等战时国际法在网络空间的适用问题。《塔林手册》（2.0 版）进一步扩充和平时期网络行动国际法规则。虽然此手册编撰主要由西方国家参与，但为增强影响力，有意向非西方国家扩大；同时，此文案虽属专家倡议性文书，但其不断积极寻求政府"背书"，如组织政府法律代表咨询会等。考虑到国际法渊源与形成惯例，即便只是"专家造法"，其产生过程及相关理念与规则条文对未来网络空间行为规范的影响力也不可低估。从非国家行为主体规范来看，随着打击网络犯罪国际合作的推进，相关法律法规探索亦进一步推进，如 2017 年 5 月 24 日，第 26 届联合国刑事司法大会通过加强国际合作打击网络犯罪的正式决议。

如果说在前两个发展阶段，中国网络空间国际安全治理实践以参与为主，那么近些年来，随着中国网络实力与国际影响力的提升，尤其是习近平总书记提出对内建设网络强国，对外构建网络空间命运共同体的战略构想之后，仅仅是参与实践已不能适应中国在治理领域的内外需求。中国以前所未有的意愿和力度，在积极参与的基础上，更加主动作为，在国际安全治理中投入更多的精力与资源。一方面，继续参与和跟进重要治理机制和平台。近年来，中国积极参与各类国际治理机制与平台，积极发声。除在联合国框架下的已有平台上积极作为外，2011 年，在中俄等国的共同促进下，联合国成立 GGE，专门就信息安全问题进行探讨，至今已是第四届，中国全程参与，积极建言献策，推动国际社会就联合国宪章及其基本原则在网络空间的适用问题达成共识。对于其他全球性、区域性治理进程，中国亦加强参与度，如推动上合组织、G7、G20、金砖国家峰会等平台将网络安全与相关治理问题纳入议程。中国还主动搭建双边平台，与美、英、德等国就网络问题建立"一轨"与"二轨"对话机制，推动双边协议的达成，并就共同关注的问题展开广泛与深入的探讨。与此同时，中国发动国内各方非政府力量，积极开展多层级、多渠道的国际合作，如鼓励中国计算机应急小组（CNCERT）与各国 CERT 开展合作并越来越重视智库与专家学者的力量，鼓励他们参与各类治理学术会议与论坛，积极发声。

另一方面，主动构建中国倡导的议程与平台，推动并引领国际社会各方就构建"网络空间命运共同体"，共同维护网络空间的稳定与发展做出中国贡献。自 2014 年起，中国已连续五年成功举办世界互联网大会（乌镇大会），使之成为国际社会探讨治理议题、寻求合作的重要综

2015 年 9 月 10 日，美国国土安全部副部长斯波尔丁（Suzanne Spaulding）在华盛顿出席美国战略与国际问题研究中心研讨会时表示，鼓励中国与美国国土安全部下属的计算机应急响应小组（US-CERT）合作共享信息，成为基础网络的维护者。

合性治理平台。特别是习近平总书记在第二届"乌镇大会"上就推进全球互联网治理体系改革提出"四项原则"与"五点主张"，呼吁国际社会各方一道在"坚持尊重网络主权、维护和平安全、促进开放合作、构建良好秩序"原则的基础上，"加快全球网络基础设施建设，促进互联互通"、"打造网上文化交流共享平台，促进交流互鉴"、"推动网络经济创新发展，促进共同繁荣"、"保障网络安全，促进有序发展"以及"推进互联网治理体系，促进公平正义"，在国际上引起积极反响。2017 年 3 月 1 日，中国外交部与网信办共同发布《网络空间国际合作战略》，以和平发展、合作共赢为主题，以构建网络空间命运共同体为目标，就推动网络空间国际合作首次全面系统提出中国主张，为破解全球网络空间治理难题贡献了中国方案。

第三节
中国对重要治理议题的立场与主张

中国在参与网络空间治理的过程中，一直积极致力于把握国际社会共同的核心关切。同时，在网络空间治理方兴未艾，急需各方贡献智慧的时候，中国亦基于自己的理解与认知，对如何才能构建一个和平、安全、稳定和繁荣的网络空间提出自己看法与主张。然而，由于国情的不同与认知的差异，尤其是因为一些有意或无意的"解读"与"误读"，国际社会各方对于中国的相关主张存在一些疑问。因此，有必要在这里针对这些问题作一下说明和厘清。

一、"多利益相关方"问题

受互联网治理传统影响，在相当长一段时间内，所谓"多利益相关方"被视为互联网治理以及网络空间治理的模式。一直以来，国际社会存在这样一种看法，即认为中国不支持"多利益相关方模式"，而是所谓"政府主导模式"的拥护者。其主要理由就是中国支持联合国相关组织与机构在互联网治理进程中发挥重要作用。这其实是一个重大误解。

2014 年 6 月 5 日，中国外交部与联合国在北京共同举办信息和网络安全国际研讨会，中国外交部副部长李保东出席开幕式并致辞，全面阐述了中国在网络安全问题上的立场与实践。

首先，回归历史本源，事实上，联合国一直是国际互联网治理进程的重要推动者。WSIS 进程就是在联合国大力推动下不断推进的，该进程对互联网治理的历史意义与重要性有目共睹。而熟悉互联网治理历史的人都应该知道，即使是"多利益相关方模式"也是在联合国互联网治理工作组 WGIG 的努力下，在时任联合国秘书长安南呼吁下，各方"以一种创新的方式寻求互联网治理之道，毕竟互联网是如此不同"，才最终在征求各方意见的情况下，确立了这一治理模式。而在当时，美国政府支持的是私营部门主导的模式，而其他包括中国在内的相关国家认识到政府在公共政策制定方面不可或缺，主张政府、私营部门、公民社会乃至个人均应参与到治理中来，这也是为什么在国际社会各方的共同努力下，WGIG 才对互联网治理作出明确工作定义，肯定了这些主体均应"根据各自职能发挥作用"的原因。

其次，从治理的实践来看，互联网或网络空间治理涉及的内容十分广泛，议题复杂而多元。实际上，治理是"分层"的，即根据治理议题的属性大致划分为"物理层""逻辑层""应用层"，前两者主要集中在技术层面，而后者随着互联网社会应用的进一步深化，还在进一步地拓展，不仅涉及技术问题，更包含大量的公共政策制定问题。根据互联网治理的"分层理论"，这些议题之间相互关联，但本质属性有很大不同，不同层的议题应有不同的治理路径。因此，没有一个能够适用所有治理"层"的模式。即使每层的参与主体都是多元的，但各类主体在每一层实际发挥的作用却是不同的。比如在技术层，私营部门与技术精英显然应该发挥主导作用，而在公共政策制定方向，政府应该承担更多的责任。因此，所谓"多利益相关方模式"只是强调了各主体的参与和决策程序的不同，并没有反映出实践中的千差万别。

第三，从"多利益相关方模式"的应有之意来看，当前对于这一治理模式并无统一界定。相关表述要点有二：一是各方参与，二是过程公开透明。事实上，对于各方在具体治理中的定位及关系并无统一"范式"。即使是一向以"多利益相关方模式"为代表的 ICANN 与 IETF 两大国际治理机构，它们的组织方式与运作过程也是差异巨大的。最重要的是，既然各方都有权参与，那种人为限制某一主体作用，甚至形成主体对立与排斥的做法就是对"多利益相关方模式"的真正损害。因此，所谓"多利益相关方"模式之争本质上是一个伪命题，中国从未反对过该模式，而是主张应该根据实际情况灵活务实地予以运用，因为互联网治理本身是一个复杂的系统，具体到实践，只能以具体领域或议题为导向（issue-based），任何泛泛而谈的说法并无实际意义。具体而言，在该模式的实

中央网信办举办新闻发布会

际运用中应注意"公平与效率",即用确保利益相关方共同参与的方式来保障"公平",但要由不同主体发挥主导作用来确保"效率"。如技术社团和专业机构负责维护互联网技术架构与标准制定,而涉及公共政策的领域则应由政府主导。无论如何,谁"主导"只是职责分工,绝不是一家独大,完备的决策程序必须接受多方的咨询、协商与监督。

但遗憾的是,网络空间一直以来存在着一些"冷战思维",基于对所谓"多利益相关方"的支持与否来人为划分所谓"阵营"。为调和由此带来的问题与矛盾,在 WSIS+10 最后的成果文件中,亦将"多利益相关方"与"多边"并列,认为二者并不矛盾,都是网络空间治理模式的重要组成部分。这也是为什么中国在后来的相关官方文件中开始同时提出"多边"与"多方"说法的原因。一方面是对 WSIS 文件的呼应,另一方面,鉴于长期以来国际社会对中国在"多利益相关方"问题上的误解,采取"多方"这一说法可以避免造成不必要的混淆与误读。

二、"网络主权"问题

直到现在,国际社会中还有不少观点认为,中国强调网络主权,意味着中国正在将自身从全球统一的互联网中割裂开,此举将对开放、自由、互联互通的互联网,以及基于互联网的信息自由流动,造成严重威胁。但实际情况并非如此,中国对于"网络主权"的认知与实践与其他国家并没有本质差别。

首先,中国支持"主权原则"适用于网络空间的国际共识。在相当长一段时间内,"网络空间"被理解为超越现实空间的领域,对国家主权"免疫",不受国家控制,更不受国际规则限制。但实践发展证明,"网络空间"虽然具有一定独特性,但其发展并不是完全"自由生长"的,需要建立国际秩序,而在现行国际体系下,建立国际秩序必须明确"国家主权",这是现行民族国家与国际运行的核心原则。因此,经过广泛探讨,联合国GGE文件充分肯定包括"主权原则"在内的《联合国宪章》基本原则与国际法适用于网络空间。

其次,中国支持国际社会继续就主权适用问题继续探讨。虽然国际社会已就主权原则适用于网络空间达成共识,但落实到具体适用仍然存在很多问题。有的来自于理解认知层面,如有学者认为,鉴于网络空间的跨国性特质,在主权适用上应更多地从合作、负责任的角度考虑"主权让渡"问题;而有的学者则认为,在探讨所谓"让渡问题"之前,应首先解决主权的界定与边界问题。有的则来自实践层面,如在主权原则中包含"国家有不受外部干涉的权力",但由于网络空间的匿名性与溯源困难,所谓"外部"难以明确,权利的维护在很多情况下无从谈起。虽然面临诸多困难,但对主权适用问题的探讨仍然取得一定进展,最重要的就是各方对于网络空间的"对内主权",即各国拥有对其领土网络基础设施、网络活动与信息流动的控制权,还是能够达成一定共识。因此,在中国看来,"网络空间"的发展方兴未艾,包括主权适用在内的很多问题都还处在摸索中,应秉持开放、理性与创新的原则继续鼓励各种理论创新与实践推进。

第三,中国的"网络主权观"反映了主权原则的基本属性。习近平总书记在不同场合都阐述过网络主权的内涵,正如其在第二次乌镇世界

2017年9月,2017年网络安全博览会在上海国家会展中心举行。

互联网大会的开幕式上所提出的，网络主权包括"尊重各国自主选择网络发展道路、网络管理模式、互联网公共政策和平等参与国际网络空间治理的权利，不搞网络霸权，不干涉他国内政，不从事、纵容或支持危害他国国家安全的网络活动"，从内外两个维度说明主权原则适用于网络空间。对内，是为了保障各国能够自主地根据自己情况制定发展互联网的政策、计划，对外，是为了争取平等地参与互联网治理的权利和地位，以此让网络空间秩序朝着更加公平、公正的方向发展。因此，从本质来看，中国没有对网络主权作出任何超出传统主权概念的阐述，而是遵循了其对自身与国际社会之间权责关系一贯的认识和定位，是将主权概念延伸至网络空间的一种逻辑必然。

三、网络空间规则问题

网络空间规则制定进程中，对于中国立场和主张的质疑主要集中在中国为什么坚持"联合国框架"，是不是仍基于政府主导思维，天然倾向多边框架或模式？其实，如果了解中国对当前网络空间国际规则制定必要性和重要性的基本判断，就能够理解中国强调联合国框架恰恰是本着负责任的态度，从理性、务实的角度看待当前网络空间规则制定的各种平台与渠道。

当前网络空间安全形势严峻，究其根源无非有二：一是技术应用过程中的安全漏洞与隐患；二是行为规范的缺失。两相比较，后者更为严峻。因为技术的问题相对好解决，且在多数情况下，技术与应用本身没有问题，它们是中立的，出问题的是那些滥用技术的"人"。因此，加强对网络空间行为主体的规范，即对包括国家与非国家在内的行为主体进行有效规制，是最大程度维护网络空间安全与稳定的关键。而从目前行为规范制定的主要领域来看，国家行为规范显然应在多边框架下探讨，而非国家行为规范，如打击网络犯罪与恐怖主义等，虽然需要各相关方的合作，但在实践中，政府资源的投入与强力作为是关键，因此，联合国渠道或框架仍然是探讨此类问题的有效途径之一。虽然当前网络空间国际规则制定进程面临一定困境，但中国仍然高度重视规则制定的重要性，尤其坚持在国家行为规范制定领域，应以"联合国框架"为主渠道，其他渠道为有益补充。

首先，国家行为规范必须坚持"联合国框架"的主渠道作用。在当前国际格局下，"联合国框架"仍然是处理国际关系与应对全球性安全威胁的最具权威性与合法性的机构，这一点同样适用于网络空间。从某种意义上讲，网络空间的国家关系与互动，是现实国家关系在网络空间的进一步延伸，对其行为的规范也理应依托"联合国框架"。实践证明，"联合国框架"在网络空间国家行为规范制定方面，一直发挥着主渠道作用。除前面提到的 GGE、WSIS 外，还有 ITU（国际电信联盟）。2017 年 7 月，国际电信联盟发布第二个全球网络安全索引（GCI），指出网络安全已成为数字化转型的至关重要组成部分，鼓励各国考虑网络安全的国家政策。该索引对网络犯罪问题予以高度关注，称各国政府应采取措施加强网络安全生态环境建设，以减少犯罪威胁，提升人们对网络的信心。在这些机制的共同努力下，网络安全的公共政策与技术解决方案制定正在全面推进。

其次，正确看待其他规则制定进程。网络空间规则制定还处在发展初期，总体而言，应秉持"开放"的心态，对于任何有益尝试，无论是理论创新、机制改革还是最佳实践均应从中汲取有益的部分。事实上，近年来，除联合国框架外，其他机制以及相关主体均在此领域有所作为。如在区域性政府组织层面，七国集团（G7）、二十国集团

(G20)峰会积极探索应对网络安全威胁。七国集团首脑宣言赞同"关于在网络空间负责任国家行为的宣言",表示将共同努力应对网络攻击并减轻网络攻击对关键基础设施的影响。在企业层面,如微软公司带头呼吁制定《数字日内瓦公约》,主张国际社会应参考《日内瓦公约》保护战时平民的做法,确保和平时期平民免受网络攻击伤害;西门子倡导网络安全《信任宪章》,提升各方对网络空间的信心。在智库层面,北约卓越合作网络防御中心分别于2013、2016年陆续推出的《塔林手册》(1.0与2.0版),主要围绕战时网络行动规范,探讨武装冲突法等战时国际法在网络空间的适用问题。《塔林手册》(2.0版)则进一步扩充和平时期网络行动国际法规则。2017年2月,美东西方研究所与荷兰海牙战略研究中心联合发起成立"全球网络空间稳定委员会",旨在集合全球学界智力,进一步推进维护网络空间稳定的规则研究与探讨。且不论这些文件的观点与立场如何,在GGE等传统机制面临"瓶颈"时,这些倡议的提出无疑极大吸引了国际社会的眼球,让各方开始思索规范制定的各种可能途径。

第三,正视规则制定过程中存在的问题。当前规则制定进程或多或少均存在一定问题,目前网络空间安全治理还未建立起成熟完备有效的规则体系。如在联合国框架层面,虽然有权威性和合法性,但由于资源的缺乏和决策效率的问题,原则性共识能达成,但具体条款的落实推进很困难。2017年之后,国际社会围绕联合国GGE的下一步工作方向甚至是机制调整进行广泛探讨,联合国秘书长古特雷斯亦在组建新的专业专家团队,希望能突破这一瓶颈。在区域性政府组织层面,地缘政治性与代表性是始终存在的问题,使其影响力与接受度受到一定制约。在企业与智库层面,虽然提出了一些规则倡议,但要转化为

2018 年 7 月 19 日，2018 年中国网络与信息安全大会在成都召开，会议以"聚焦网络空间安全、护航数字经济发展"为主题，为网络信息安全技术的发展与产业的壮大提供广泛交流平台。

规则或规范，仍需得到国际社会的广泛接受与认可，而事实并非如此。比如对于《塔林手册》的推出，有观点认为，鉴于各国加强网络军备的态势，着手制定武装冲突法等在网络空间的适用规则，无疑加剧了"网络空间军事化"的发展态势，不利于网络空间信任与稳定的建立；再如微软公司提出《数字日内瓦公约》，不少国家政府表示欢迎企业贡献智慧，但仍然认为网络空间行为规则制定是政府的事，决定权在政府。客观地讲，毕竟规则制定尚处发展初期，任何有益的探讨和建议都具有一定建设性，至少对安全稳定的理念与认知的传递是有益的，从长远来看有利于营造有利于网络空间规则制定的环境。现实发展方向与结果如何，仍取决于各方合力。

四、打击网络犯罪问题

对于中国在打击网络犯罪问题上的主张与实践，外界尤其是美欧等西方国家最爱提的一个问题就是："中国如何看待《布达佩斯网络犯罪公约》？"以此来质疑中国打击网络犯罪的决心与力度。其实，中国已在多个国际场合不断重申在打击网络犯罪国际合作上的立场与主张，主要包括以下几方面：

首先，中国高度重视打击网络犯罪问题。中国认识到，随着信息化社会的进一步推进，传统犯罪与网络相融合呈现出新的犯罪形式与特点，正以组织化、产业化以及跨国性为显著特点，给网络安全与社会秩序带来极大危害。为此，中国一方面不断完善网络安全的政策和法律框架，

2017 年 12 月 4 日，在浙江乌镇召开的第四届世界互联网大会举行"打击网络犯罪和网络恐怖主义国际合作"分论坛。

将打击网络犯罪作为维护国家网络安全的重要战略任务。近年来陆续出台《国家安全法》《网络安全法》等法律法规，还积极推动完善打击网络犯罪的刑事立法，确立了网络犯罪定罪的基本法律框架。另一方面，中国积极开展国际合作。中国公安机关作为打击网络犯罪主责机关，不断强化国际执法合作，依托国际刑警打击信息技术犯罪亚太地区工作组，在亚太地区建立了每年会晤的协作机制；与美、英、德等国就打击网络犯罪开展双边磋商，并与各国建立双边警务合作关系，合作开展系列执法行动；与日、韩等国联合建立了亚洲计算机犯罪互联网络（CTINS），及时交换网络犯罪动态、共享侦查取证技术；依托上海合作组织制定了《上海合作组织成员国保障国际信息安全行动计划》，建立了网络犯罪侦查取证协作机制。目前正在起草的《国际刑事司法协助法》将对涉及打击网络犯罪的国际合作进行详细规定，以进一步推进打击网络犯罪司法协助的力度与效率。在2017年12月第四届世界互联网大会期间，还举办了首次打击网络犯罪国际合作论坛，再次表明中国对打击网络犯罪国际合作的高度重视。

其次，中国重视联合国主平台作用，支持其他利益相关方共同发挥作用。联合国在打击网络犯罪国际合作中发挥着重要作用。中国一贯支持在联合国框架下不断推进打击网络犯罪国际合作的讨论进程，尤其是重视联合国网络犯罪专家组的相关工作。专家组作为联合国框架下唯一以促进打击网络犯罪国际合作为宗旨的平台，在各方共同努力下，在联合国预防犯罪委第26届会议上获得了新授权，并制定通过了2018—2021年工作计划，中国对此表示支持，并愿同各方一道积极努力，将专家组打造成为各国开展打击网络犯罪国际合作提供政策指导、经验交流和信息分享的重要平台。同时，正如中国外交部条法司司长徐宏在第四届世界互联网大会"打击网络犯罪国际合作分论坛"上所言："网络犯罪问题具有高度的前沿性，打击网络犯罪国际合作需要充分发挥企业、技术社群、学界、网民等各利益相关方的作用，形成有效合力。"

　　第三，理性看待各项推动打击网络犯罪国际合作的倡议。欧洲在打击网络犯罪的理念与实践上可谓走在世界前列，《网络犯罪布达佩斯公约》可以说是这一领域的先驱，对打击网络犯罪国际合作进程起到了一定推动作用。同时，中国认为，必须正视该公约存在的问题。作为一项区域性组织制定的公约，首先从形式上来看，该公约存在代表性与合法性问题；其次从内容上来看，该公约起始基于欧美法系，与其他大陆法系国家存在一定的对接问题，尤其是对于其中的一些跨境取证和执法的条款，各国仍存在不同的看法与争议，在实践中亦面临各种困难。再加上公约的制定距今已有近 20 年时间，其内容已不能完全适应形势发展

2017 年 8 月 5 日，长春龙嘉国际机场，77 名网络电信诈骗犯罪嫌疑人被吉林警方从斐济共和国押解回国，这是中国首次从大洋洲大批量押解网络电信诈骗犯罪嫌疑人。

与变化的需要，无论是犯罪类型涵盖方面，还是执法实践的有效性上均存在不同程度的问题。此外，亚非法协、上合组织等区域性机构也在这一领域开展相关探讨，俄罗斯政府也提出建立一个全面的、综合性的公约草案的建议，这些探讨本身对于打击网络犯罪国际合作的整体推进无疑是有益的。当务之急是采取何种形式与机制，能够使打击网络犯罪国际合作的倡议真正落地，最大程度地解决实践中面临的各种制约，使得相应合作机制的效率能够有所提升，更好地适应形势发展的需要。

第四节
中国未来参与网络空间
国际安全治理的主要考虑

中国已明确提出对内建设网络强国、对外构建网络空间命运共同体的战略构想,《国家网络安全战略》与《网络空间国际合作战略》业已出台。作为网络大国,中国致力于履行其大国责任,体现大国担当,与国际社会各方一道共同推进网络空间国际治理进程,尤其是积极回应国际社会对于网络空间治理发展与安全的核心关切。未来,中国将更加主动作为,贡献全面推进网络空间国际安全治理的"中国方案"。

一、在尊重主权基础上推进治理机制的改革

一直以来,国际社会有一个认识误区,即过度强调"网络空间"的特殊性,因而认为对它的治理已超出现实治理范畴,传统的以国家为主体的治理模式与机制在此空间几乎无用武之地。但实际情况并非如此。实践发展已充分证明,网络空间是现实空间的重要组成部分。网络空间固然有其特殊性,并对传统现实空间格局产生了巨大冲击,但并未达到一个颠覆现实治理范畴的"临界点"或"质变点"。现有以主权国家共

存为基础的国际体系格局未发生根本改变，因此，网络空间治理在很大程度上仍然要遵循现实政治逻辑，仍要体现主权国家在网络空间的国家发展与国际战略诉求。事实上，网络空间发展实践证明，其有效治理需要一定的强制性与约束力，虽然国家权威也许并不是这种强制性与约束力的唯一来源，但在现有国际体系下绝对是重要来源。中国提出的"网络主权"观，很好地反映了这一现实，这是中国对于网络空间治理理念的重要贡献。接下来，应该以此理念为引领，并进一步将其落实到推进治理机制改革的具体政策主张中去。作为网络大国，中国将积极作为，体现中国的主权关切，同时也将充分考虑其他国家相应的诉求，以更好地化解误解与争取更多的支持。

二、把握"开放自由"与"稳定有序"的平衡

互联网"端对端"的基本技术架构是确保互联网成功的根本原因，也是互联网的价值所在。互联网治理发展必须维护"开放""统一"的基本网络架构，不能以任何理由破坏其"互联""互通"与"普遍接入"，这是互联网治理所应坚持的"开放自由"原则。另一方面，互联网空间无序带来的安全挑战与社会问题再也无法回避，互联网发展必须首先保障安全，这是互联网治理所应坚持的"稳定有序"原则。诚如美国斯坦福大学网络与社会研究中心创始人劳伦斯·莱格斯所言，互联网正从"一个无法被规制的空间"走向"一个高度约束型的空间"。互联网治理必须兼顾自由开放的传统和稳定安全的现实需要，达到二者之间的平衡。事实上，当前网络空间治理的形势发展充分证明了各方对这一"平衡"的认可与践行。中国亦将秉持这一理念，向国际社会传递"开放自由"与"稳定有序"并重的理念与主张。

2018年4月26日，"4·29首都网络安全日"活动在北京展览馆开幕，展会展示内容不仅涵盖云计算、大数据、移动端安全、物联网、人工智能等网络安全技术热门领域，还延伸至金融安全、智慧医疗、智能生活等新兴尖端领域。

三、坚持"与时俱进"的治理方向

通过对网络空间治理实践的系统梳理，可以看出，网络空间治理的理念与实践，尤其是治理机制并非一成不变，而是根据形势发展需要，始终处在不断调整过程中，以确保机制的"开放性"与"灵活性"。正如联合国前秘书长安南在 IGF 的开幕词中所说，互联网治理与传统治理"某些方面毕竟是如此的不同"。中国认为，只要有利于进行切实有效的互联网治理，任何合理的建言与有益的尝试都应正确对待。当前，互联网治理改革趋势呈"进化式"发展特点，虽不是"革命性"的"另起炉灶"，但亦是"全面"改革。即使是在技术层面，无论是重要网络资源的分配，还是技术标准的制定，不能因其仍"运转有效"而不容任何变动。"进化式"治理改革与机构新建、资源整合与机构改革将并行不悖。因此，治理机制的进一步完善要求有关各方始终保持开放的心态，不断作出与时俱进的决策。

四、推行"灵活务实"的治理模式

网络空间并不存在统一或固定的治理模式。虽然总体而言，国际社会各方普遍接受"多利益相关方"的说法，但其实与其说它是一种模式，不如说是一个原则。事实上，无论是"多利益相关方"，还是"多边、民主、透明"或"多方"，都只是一种对于参与和作用主体保持开放性的原则性表述，并不存在本质的不同。因此，中国应该在相关理念的阐述中强调这一点，即对"多利益相关方"模式的理解，尤其是"主导主体"的认知不能僵化，不能"一概而论"，而应根据实际需要"灵活务实"地予以应用。具体而言，就是"分阶段、分领域"地确定不同主体发挥主导作用。"分阶段"指不同互联网发展阶段面临的治理问题与重心不同，发挥主导作用的主体也不同。互联网发展初期由"私营部门"主导治理，当前互联网治理形势需要政府发挥更大作用。美国学者约瑟夫·奈认为，互联网虽然在某种程度上导致了权力分散，但政府仍是国际政治行为主体并应承担治理网络安全的责任；面对日益膨胀的互联网资源和用户，互联网"自我治理"必将是"不可能完成的任务"。互联网发展历程表明，政府权力和地理条件仍然是关键制约因素，互联网仍极大地依赖政府的强制力，例如，政府建设基础设施、推进教育和保护产权；对互联网犯罪采取强制措施；控制市场规模；提供公共产品。政府主导模式有利于互联网普及、安全防范等，是互联网发展到一定程度的客观需要。"分领域"则是指即使是"政府主导"，也不意味着政府需要介入所有网络

2013年6月，阿里巴巴集团、腾讯、百度等21家国内互联网企业在杭州召开第一届互联网交易安全峰会，发起成立了"互联网反欺诈委员会"，形成了电子商务生态圈联防联打的战略合作框架。

事务，不同治理事务应由不同主体主导，如维护网络运转应由相关技术机构负责；产业发展应由产业部门负责；涉及网络安全与公共政策制定方面，政府应该发挥主导作用。无论如何，谁"主导"只是职责分工，绝不是"一家独大"，完备的决策程序必须接受多主体的咨询、协商与监督。

五、找准未来网络空间国际安全治理的发力点

可以预见，未来网络空间国际安全治理将继续围绕"老问题"与"新热点"展开，中国亦应围绕这些重要安全议题积极作为，才能准确发力，达到安全治理的最大成效。除一直以来具有影响力的国家行为规范制定领域外，可重点考虑从以下几方面发力：

1.网络安全能力建设方面。未来国际互联网发展将呈现"大南移"的发展态势，信息基础设施的主要增长将集中在亚洲、非洲和南美洲。中国一向重视发展中国家援助问题，互联网发展领域的援助一直是中国的努力方向，尤其是随着"一带一路"倡议的提出，打造"数字丝路"的实践正在快速推进中，帮助相关国家加强互联网基础建设和提升运营安全水平，将有助于网络空间整体安全水平的提升。

2.新技术与新应用安全应对方面。近年来，人工智能、大数据、物联网、区块链等新技术带来的安全问题引发国际社会广泛关注，中国应将这些领域已有的技术发展与应用优势，转化为安全维护与相应规则制定能力，助力新技术新应用安全问题的应对与解决。

3.非国家主体行为规范方面。当前规则制定领域中，相较于国家主体行为规范已形成国际社会较为一致的推进进程，非国家主体行为规范

2017 年 5 月 30 日，2017 中巴互联网大会在巴西圣保罗举行。大会就中巴两国互联网的交流及合作进行了深入探讨。

2017 年 8 月，以"安全新秩序 连接新机遇"为主题的第三届中国互联网安全领袖峰会在北京举行。来自全球的安全专家和 500 多家企业代表，就金融安全、大数据与云安全、人工智能与安全伦理、安全法治治理、智能硬件与物联网安全等多个议题展开探讨。

方面有所滞后。如打击网络犯罪与网络恐怖主义等议题，有着广泛的国际舆论基础，且多数情况下不涉及意识形态和立场争议，有着极大的国际合作发展空间，但在实践中却"落地"较为困难。究其原因，主要是涉及各国法律政策与管理机制的协调，较难形成真正国际范围内通行高效的合作机制；多依靠双边司法协助框架，存在效率低下的问题。这应该成为未来安全治理着重解决的问题，从而实现网络空间主体行为规范的全覆盖。

第三章
中国网络安全体系的顶层设计

面对复杂的国际安全形势和严峻的网络安全挑战，中国将信息网络安全提升到国家战略地位，做好国家信息网络安全顶层规划和设计；总结现行互联网体系架构的优势和不足，结合未来发展趋势，立足自主创新，创建新一代安全可控的互联网络；面对网络安全新挑战，全面排查安全风险，总结分析重点安全问题，集中力量尽快从技术、管理和法律等方面解决。

第一节
正确的网络安全观

理念决定行动，正确的理念决定正确的行动。习近平总书记指出，要树立正确的网络安全观：网络安全是整体的而不是割裂的，网络安全是动态的而不是静态的，网络安全是开放的而不是封闭的，网络安全是相对的而不是绝对的，网络安全是共同的而不是割裂的。这是中国维护网络安全的基本理念，是中国网络安全实践所依据的方法论。

一、网络安全是整体的而不是割裂的

在信息时代，网络安全对国家安全牵一发而动全身，同许多其他方面的安全都有着密切关系。信息化与全球化的快速发展，正在塑造一个"一切皆由网络控制"的未来世界。网络空间的快速成长，催生着"谁控制网络空间谁就能控制一切"的法则。政治、经济、文化、社会、军事等各个领域的安全问题，都将与网络空间安全问题紧密关联。政治领域的"颜色革命"暗流涌动、经济领域的网络攻击日益猖獗、社会领域的网络犯罪频繁发生、军事领域的作战方式加速转型，都是网络空间对

传统领域安全问题的催化与变异。中国从国家安全的战略高度认识网络空间安全，把网络空间安全作为总体国家安全观的有机组成部分，而不是将其同其他安全割裂开来。

二、网络安全是动态的而不是静态的

在云计算、大数据、移动互联网等新兴技术广泛应用的"万物互联"时代，过去分散独立的网络变得高度关联、相互依赖，系统边界日渐模糊。同时，网络安全的威胁来源和攻击手段不断变化，网络攻击已从传统的分布式拒绝服务攻击、网络钓鱼攻击、垃圾邮件攻击等向高级持续性攻击甚至精准网络武器打击等趋势发展。传统的静态、单点防护方式难以适用，那种依靠装几个安全设备和安全软件就想永保安全的想法已不合时宜，需要树立动态、综合的安全防护理念，防止简单的分而治之和各自为战，实时感知安全态势，及时升级防护系统，持续提升防护能力，有效防范不断变化的网络安全风险。

三、网络安全是开放的而不是封闭的

互联网让世界变成了地球村，推动国际社会越来越成为你中有我、我中有你的命运共同体。只有立足开放环境，加强对外交流、合作、互动、博弈，吸收先进技术，网络安全水平才会不断提高。正确的选择是开放，而不是闭门造车、单打独斗，不是排斥学习先进，不是把自己封闭在世界之外。维护国家网络安全必须树立全球视野和开放的心态，抓住和把握新兴技术革命带来的历史性机遇，最大程度地利用网络空间发展的潜力。中国开放的大门不能关上，也不会关上。

四、网络安全是相对的而不是绝对的

网络安全不是绝对的，而是相对的。要立足基本国情保安全，避免不计成本追求绝对安全，那样不仅会背上沉重负担，甚至可能顾此失彼。要清醒地认识到所面临的威胁，搞清楚哪些是潜在的，哪些是现实的；哪些可能变成真正的攻击，哪些可以通过政治经济外交等手段予以化解；哪些需要密切监视防患于未然，哪些必须全力予以打击；哪些可能造成不可弥补的损失，哪些损失可以容忍，以减少不计成本的过度防范。

五、网络安全是共同的而不是孤立的

网络安全为人民，网络安全靠人民，维护网络安全是全社会共同责

2016 年 1 月 11 日，来自全国各地的 100 名优秀志愿者齐聚杭州，共同庆祝互联网安全志愿者联盟成立。

任。需要政府、企业、社会组织、广大网民共同参与，共筑网络安全防线。互联网是一点接入、全球联网，网络攻击是一点击破、全网突破，一个地方不安全，全国和全网就不安全。无论是中央单位还是地方单位，无论是政府部门还是企事业单位，都要尽职尽责，共同维护国家网络安全。政府部门要做好顶层设计，健全政策法规，完善互联网发展环境；企业要积极发挥维护网络安全的主体作用，引领安全技术创新发展；社会公众要增强网络安全防护意识，掌握必备的安全防护技能。只有各方齐心协力，方方面面齐动手，国家网络安全才能有保障。

第二节
加强战略规划引领

面对日益严峻复杂的网络安全总体态势，中国坚持规划先行。2016年7月，《国家信息化发展战略纲要》发布，指出要坚持积极防御、有效应对，增强网络安全防御能力和威慑能力，维护网络主权和国家安全，加强关键信息基础设施安全防护，强化网络安全基础性工作。2016年12月，国家网信办发布《国家网络空间安全战略》，这是指导国家网络安全工作的纲领性文件，提出以总体国家安全观为指导，统筹发展与安全两件大事，推进网络空间和平、安全、开放、合作、有序，并明确了中国网络安全的四个原则、九项战略任务。2016年12月，国务院印发《"十三五"国家信息化规划》，要求坚持安全与发展并重，将"健全网络安全保障体系"作为一项重要任务，提出"强化网络安全顶层设计、构建关键信息基础设施安全保障体系、全天候全方位感知网络安全态势、强化网络安全创新能力"等重大任务及工程。

一、对网络空间机遇与挑战的战略判断

中国政府充分认识到，信息化为中华民族带来了千载难逢的机遇，

必须敏锐抓住信息化发展的历史机遇。《国家网络空间安全战略》指出，网络空间正在全面改变人们的生产生活方式，深刻影响人类社会历史发展进程，正在成为信息传播的新渠道、生产生活的新空间、经济发展的新引擎、文化繁荣的新载体、社会治理的新平台、交流合作的新纽带和国家主权的新疆域。

网络空间在极大促进经济社会繁荣进步的同时，也带来了新的安全风险和挑战。《国家网络空间安全战略》对此判断如下：网络渗透危害政治安全，网络有害信息侵蚀文化安全，网络恐怖和违法犯罪破坏社会安全，网络空间的国际竞争方兴未艾。

但网络空间机遇大于挑战，中国坚持积极利用、科学发展、依法管理、确保安全，坚决维护网络安全，最大限度利用网络空间发展潜力，更好惠及 13 亿多中国人民，造福全人类，坚定维护世界和平。

2017 年 9 月 23 日，2017 年国家网络安全宣传周青少年日主题活动在上海科技馆正式启动。

二、网络安全战略目标

中国网络空间安全战略的目标是，总体国家安全观为指导，贯彻落实创新、协调、绿色、开放、共享的发展理念，增强风险意识和危机意识，统筹国内国际两个大局，统筹发展安全两件大事，积极防御、有效应对，推进网络空间和平、安全、开放、合作、有序，维护国家主权、安全、发展利益，实现建设网络强国的战略目标。

和平：信息技术滥用得到有效遏制，网络空间军备竞赛等威胁国际和平的活动得到有效控制，网络空间冲突得到有效防范。

安全：网络安全风险得到有效控制，国家网络安全保障体系健全完善，核心技术装备安全可控，网络和信息系统运行稳定可靠。网络安全人才满足需求，全社会的网络安全意识、基本防护技能和利用网络的信心大幅提升。

开放：信息技术标准、政策和市场开放、透明，产品流通和信息传播更加顺畅，数字鸿沟日益弥合。不分大小、强弱、贫富，世界各国特别是发展中国家都能分享发展机遇、共享发展成果、公平参与网络空间治理。

合作：世界各国在技术交流、打击网络恐怖和网络犯罪等领域的合作更加密切，多边、民主、透明的国际互联网治理体系健全完善，以合作共赢为核心的网络空间命运共同体逐步形成。

有序：公众在网络空间的知情权、参与权、表达权、监督权等合法权益得到充分保障，网络空间个人隐私获得有效保护，人权受到充分尊重。网络空间的国内和国际法律体系、标准规范逐步建立，网络空间实现依法有效治理，网络环境诚信、文明、健康，信息自由流动与维护国家安全、公共利益实现有机统一。

三、原则

中国主张，维护全球网络空间安全应当坚持以下原则：

第一，尊重和维护网络空间主权。网络空间主权不容侵犯，尊重各国自主选择发展道路、网络管理模式、互联网公共政策和平等参与国际网络空间治理的权利。各国主权范围内的网络事务由各国人民自己做主，各国有权根据本国国情，借鉴国际经验，制定有关网络空间的法律法规，依法采取必要措施，管理本国信息系统及本国疆域上的网络活动；保护本国信息系统和信息资源免受侵入、干扰、攻击和破坏，保障公民在网络空间的合法权益；防范、阻止和惩治危害国家安全和利益的有害信息在本国网络传播，维护网络空间秩序。任何国家都不搞网络霸权、不搞双重标准，不利用网络干涉他国内政，不从事、纵容或支持危害他国国家安全的网络活动。

第二，和平利用网络空间。和平利用网络空间符合人类的共同利益。各国应遵守《联合国宪章》关于不得使用或威胁使用武力的原则，防止信息技术被用于与维护国际安全与稳定相悖的目的，共同抵制网络空间军备竞赛，防范网络空间冲突。坚持相互尊重、平等相待，求同存异、包容互信，尊重彼此在网络空间的安全利益和重大关切，推动构建和谐网络世界。反对以国家安全为借口，利用技术优势控制他国网络和信息系统、收集和窃取他国数据，更不能以牺牲别国安全谋求自身所谓绝对安全。

第三，依法治理网络空间。全面推进网络空间法治化，坚持依法治网、依法办网、依法上网，让互联网在法治轨道上健康运行。依法构建良好网络秩序，保护网络空间信息依法有序自由流动，保护个人隐私，保护知识产权。任何组织和个人在网络空间享有自由、行使权利的同时，须遵守法律，尊重他人权利，对自己在网络上的言行负责。

第四，统筹网络安全与发展。没有网络安全就没有国家安全，没有信息化就没有现代化。网络安全和信息化是一体之两翼、驱动之双轮。正确处理发展和安全的关系，坚持以安全保发展，以发展促安全。安全是发展的前提，任何以牺牲安全为代价的发展都难以持续。发展是安全的基础，不发展是最大的不安全。没有信息化发展，网络安全也没有保障，已有的安全甚至会丧失。

四、战略任务

中国的网民数量和网络规模均为世界第一。维护好中国网络安全，不仅是自身需要，对于维护全球网络安全乃至世界和平都具有重大意义。《国家网络空间安全战略》明确了以下重点战略任务：

第一，坚定捍卫网络空间主权。根据宪法和法律法规管理我国主权范围内的网络活动，保护我国信息设施和信息资源安全，采取包括经济、行政、科技、法律、外交、军事等一切措施，坚定不移地维护我国网络空间主权。坚决反对通过网络颠覆我国国家政权、破坏我国国家主权的一切行为。

第二，坚决维护国家安全。防范、制止和依法惩治任何利用网络进行叛国、分裂国家、煽动叛乱、颠覆或者煽动颠覆人民民主专政政权的行为；防范、制止和依法惩治利用网络进行窃取、泄露国家秘密等危害国家安全的行为；防范、制止和依法惩治境外势力利用网络进行渗透、破坏、颠覆、分裂活动。

第三，保护关键信息基础设施。采取一切必要措施保护关键信息基础设施及其重要数据不受攻击破坏。坚持技术和管理并重、保护和震慑并举，着眼于识别、防护、检测、预警、响应、处置等环节，建立实施关键信息基础设施保护制度，从管理、技术、人才、资金等方面加大投入，依法综合施策，切实加强关键信息基础设施安全防护。

第四，加强网络文化建设。加强网上思想文化阵地建设，大力培育和践行社会主义核心价值观，实施网络内容建设工程，发展积极向上的网络文化。加强网络伦理、网络文明建设，发挥道德教化引导作用，用人类文明优秀成果滋养网络空间、修复网络生态。提高青少年网络文明素养，加强对未成年人上网保护。

第五，打击网络恐怖和违法犯罪。加强网络反恐、反间谍、反窃密能力建设，严厉打击网络恐怖和网络间谍活动。坚持综合治理、源头控制、依法防范，严厉打击网络诈骗、网络盗窃、贩枪贩毒、侵害公民个人信息、

2017年12月4日，在浙江乌镇召开的第四届世界互联网大会举行"守护未来：未成年人网络保护"分论坛，讨论未成年人网络保护的立法和政策推动等议题。

传播淫秽色情、黑客攻击、侵犯知识产权等违法犯罪行为。

第六，完善网络治理体系。坚持依法、公开、透明管网治网，切实做到有法可依、有法必依、执法必严、违法必究。健全网络安全法律法规体系，完善网络安全相关制度，提高网络安全管理的科学化规范化水平。加快构建法律规范、行政监管、行业自律、技术保障、公众监督、社会教育相结合的网络治理体系，加强网络空间通信秘密、言论自由、商业秘密，以及名誉权、财产权等合法权益的保护。

第七，夯实网络安全基础。坚持创新驱动发展，积极创造有利于技术创新的政策环境，统筹资源和力量，尽快在核心技术上取得突破。建立完善国家网络安全技术支撑体系，加强网络安全基础理论和重大问题研究。做好等级保护、风险评估、漏洞发现等基础性工作，完善网络安

四川广安市公安局网安大队网警走进当地小学，开展以"网络安全进校园"为主题的网络课堂活动，倡议少年儿童绿色上网、文明上网、安全上网。

全监测预警和网络安全重大事件应急处置机制。实施网络安全人才工程，加强网络安全学科专业建设，打造一流网络安全学院和创新园区。办好网络安全宣传周活动，大力开展全民网络安全宣传教育。

第八，提升网络空间防护能力。网络空间是国家主权的新疆域。建设与我国国际地位相称、与网络强国相适应的网络空间防护力量，大力发展网络安全防御手段，及时发现和抵御网络入侵，铸造维护国家网络安全的坚强后盾。

第九，强化网络空间国际合作。在相互尊重、相互信任的基础上，加强国际网络空间对话合作，推动互联网全球治理体系变革。支持联合国发挥主导作用，推动制定各方普遍接受的网络空间国际规则、网络空间国际反恐公约，健全打击网络犯罪司法协助机制，深化在政策法律、技术创新、标准规范、应急响应、关键信息基础设施保护等领域的国际合作。加强对发展中国家和落后地区互联网技术普及和基础设施建设的支持援助，努力弥合数字鸿沟。

第三节
建立健全网络安全法制体系

互联网不是法外之地。利用网络鼓吹推翻国家政权，煽动宗教极端主义，宣扬民族分裂思想，教唆暴力恐怖活动，等等，这样的行为要坚决制止和打击，决不能任其大行其道。利用网络进行欺诈活动，散布色情材料，进行人身攻击，兜售非法物品，等等，这样的言行也要坚决管控，决不能任其大行其道。没有哪个国家会允许这样的行为泛滥开来。

为加快网络空间法治化进程，完善依法监管措施，化解网络风险，中国抓紧制定了网络安全领域的基础法律——《网络安全法》，以此为基础不断完善网络安全法律法规体系，加大网络安全执法力度，建立起了有中国特色的网络安全法制体系。

一、出台《网络安全法》，形成基本法律框架

近年来，中国多个部门制定了涉及网络安全的部门规章和规范性文件，全国人大、国务院也发布实施了若干部与网络安全有关的法律、决定和行政法规，网络安全立法工作基本具备了一定基础，为依法规范和

2017 年 6 月 1 日起，《中华人民共和国网络安全法》正式实施。作为中国网络领域首部基础性法律，《网络安全法》明确加强对个人信息的保护，严厉打击网络诈骗，提高违法犯罪成本及重点保护关键信息基础设施等。

保护中国信息化建设健康有序发展提供了有力的法律依据。但总体看，网络安全立法仍存在结构不合理、统筹规划不足、协调性欠缺、过于原则或笼统、对公民权益保护不够等问题。

为此，中国出台了《网络安全法》，于 2017 年 6 月 1 日起实施。制定《网络安全法》的指导思想是：坚持以总体国家安全观为指导，坚持积极利用、科学发展、依法管理、确保安全的方针，充分发挥立法的引领和推动作用，针对当前网络安全领域的突出问题，以制度建设提高国家网络安全保障能力，掌握网络空间治理和规则制定方面的主动权，切实维护国家网络空间主权、安全和发展利益。

制定《网络安全法》把握了以下几点原则：

第一，坚持从国情出发。根据中国网络安全面临的严峻形势和网络立法的现状，充分总结近年来网络安全工作经验，确立保障网络安全的基本制度框架。重点对网络自身的安全作出制度性安排，同时在信息内容方面也作出相应的规范性规定，从网络设备设施安全、网络运行安全、网络数据安全、网络信息安全等方面建立和完善相关制度，体现中国特色。同时，注意借鉴有关国家的经验，主要制度与国外通行做法是一致的，并对内外资企业同等对待，不实行差别待遇。

第二，坚持问题导向。《网络安全法》是网络安全管理方面的基础性法律，主要针对实践中存在的突出问题，将近年来一些成熟的好做法作为制度确定下来，为网络安全工作提供切实法律保障。对一些确有必要，但尚缺乏实践经验的制度安排作出原则性规定，同时注重与已有的相关法律法规相衔接，并为需要制定的配套法规预留接口。

第三，坚持网络安全与信息化发展并重。网络安全和信息化是一体之两翼，驱动之双轮。维护网络安全，必须处理好与信息化发展的关系，坚持以安全保发展、以发展促安全。《网络安全法》在注重对网络安全制度作出规范的同时，注意保护各类网络主体的合法权利，保障网络信息依法有序自由流动，促进网络技术创新和信息化持续健康发展，通过保障安全为发展提供良好环境。

二、抓紧出台《网络安全法》配套法规政策，完善法律体系

《网络安全法》出台后，国家互联网信息办会同有关部门加快了《网络安全法》配套文件、细则的制定，推动国家网络安全法律体系不断完善。

国家互联网信息办印发了《国家网络安全事件应急预案》《网络产品和服务安全审查办法》，会同有关部门印发了《网络关键设备和网络安全专用产品目录（第一批）》《关于发布承担网络关键设备和网络安

全专用产品安全认证和安全检测任务机构名录（第一批）的公告》，确保《网络安全法》中设立的网络安全应急、网络安全审查、产品检测认证等重要制度相继落地。最高人民法院、最高人民检察院印发了《关于办理侵犯公民个人信息刑事案件适用法律若干问题的解释》，为保护公民个人信息提供了强有力的法律武器，使法律"长出牙齿"。

此外，《关键信息基础设施安全保护条例》《网络安全等级保护》已经开始征求意见，拟作为国务院行政法规发布。《个人信息和重要数据出境安全评估办法》等《网络安全法》配套政策也在抓紧制定之中。

三、迅速开展执法检查，注重法律实施

2017年8月25日，全国人大常委会宣布，为了解《网络安全法》《全国人大常委会关于加强网络信息保护的决定》（简称"一法一决定"）实施情况，查找问题，剖析原因，提出建议，着力推进法律实施中重点、难点问题的解决，全国人大常委会将在多个省区市开展"一法一决定"执法检查。

在全面检查"一法一决定"实施情况的基础上，执法检查组重点对以下内容进行了检查：开展"一法一决定"宣传教育情况；制定"一法一决定"配套法规规章情况；强化关键信息基础设施保护及落实网络安全等级保护制度情况；治理网络违法有害信息、维护网络空间良好生态情况；落实公民个人信息保护制度、查处侵犯公民个人信息及相关违法犯罪情况等。

通常的执法检查，一般是在法律施行一年或者若干年后进行。《网络安全法》施行半年就进行执法检查，这是打破常规之举，体现了全国人大常委会对《网络安全法》实施情况的重视和关切，更体现了《网络

安全法》在国家发展和安全中的重要地位。

从检查情况看，各地区、各部门深入贯彻中央关于"建设网络强国"的战略部署，把网络安全纳入经济社会发展全局来统筹谋划部署，大力推进网络安全和网络信息保护工作，法律实施取得了积极成效。主要体现在：深入开展宣传教育，增强网络安全意识；制定配套法规政策，构建网络安全制度体系；提升安全防范能力，着力保障网络运行安全；治理违法违规信息，维护网络空间清朗；加强个人信息保护，打击侵犯用户信息安全违法犯罪；加大支持力度，推进网络安全核心技术创新。

但是，各地在贯彻实施"一法一决定"、维护网络安全方面还存在一些困难和问题。一是网络安全意识亟待增强，二是网络安全基础建设总体薄弱，三是网络安全风险和隐患突出，四是用户个人信息保护工作

2017年12月24日，十二届全国人大常委会第三十一次会议在北京举行第三次全体会，全国人大常委会副委员长王胜俊作全国人大常委会执法检查组关于检查《中华人民共和国网络安全法》《全国人民代表大会常务委员会关于加强网络信息保护的决定》实施情况的报告。

形势严峻，五是网络安全执法体制有待进一步理顺，六是《网络安全法》配套法规有待完善，七是网络安全人才短缺。这既是法律实施中存在的问题，也反映出了中国网络安全的短板，是今后继续努力的方向。

四、依托数字经济优势，提升打击网络犯罪黑灰产业链能力

中国在 1997 年全面修订《刑法》时，明确规定了计算机犯罪的罪名，即：第二百八十五条的非法侵入计算机信息系统罪，第二百八十六条的破坏计算机信息系统罪和第二百八十七条的利用计算机进行传统犯罪。但是，《刑法》第二百八十五条"非法侵入计算机信息系统罪"规定的犯罪对象过于狭窄，只限于"国家事务、国防建设、尖端科学技术领域"，而第二百八十六条"破坏计算机信息系统罪"只有在"造成计算机信息系统不能正常运行"等严重后果的情况下，才对犯罪分子予以追究，这导致人民法院对很多侵犯网络安全的案件束手无策。

为了改变《刑法》严重滞后的局面，全国人大常委会在 2009 年 2 月发布《刑法修正案（七）》，将入侵国家事务、国防建设、尖端科学技术领域之外的信息系统的行为纳入了打击范围。此外，修正后的第二百八十五条还规定，提供专门用于侵入、非法控制计算机信息系统的程序、工具，或者明知他人实施侵入、非法控制计算机信息系统的违法犯罪行为而为其提供程序、工具，情节严重的，同样按照"非法侵入计算机信息系统罪"的规定处罚。

2015 年 8 月，《刑法修正案（九）》在全国人大常委会表决通过，进一步加强了对网络违法犯罪行为的打击力度：

一是，为进一步加强对公民个人信息的保护，修改了关于出售、非法提供因履行职责或者提供服务而获得的公民个人信息犯罪的规定，扩

大了犯罪主体的范围，同时，增加了关于出售或者非法提供公民个人信息情节严重的犯罪的规定。

二是，针对一些网络服务提供者不履行安全管理义务，造成严重后果的情况，增加规定：网络服务提供者不履行法律、行政法规规定的安全管理义务，经监管部门责令采取改正措施而拒不改正，致使违法信息大量传播的，或者致使用户信息泄露，造成严重后果的，或者致使刑事案件证据灭失，情节严重的，以及有其他严重情节的，追究刑事责任。

三是，对设立用于实施诈骗、传授犯罪方法、制作或者销售违禁物品、管制物品等违法犯罪活动的网站、通讯群组的；发布有关制作或者销售毒品、枪支、淫秽物品等违禁物品、管制物品或者其他违法犯罪信息的；为实施诈骗等违法犯罪活动发布信息的，明确规定为犯罪。

四是，针对在网络空间传授犯罪方法、帮助他人犯罪的行为多发的

2018年10月，安徽芜湖警方成功破获一起特大网络平台诈骗案。图为被刑事拘留的涉案人员被押回芜湖。

广州市警方在集中打击治理"伪基站"违法犯罪行动中，与腾讯、360、百度等公司合作，通过大数据平台实时定位"伪基站"。图为被查获的涉案"伪基站"。

情况，增加规定：明知他人利用信息网络实施犯罪，为其犯罪提供互联网接入、服务器托管、网络存储、通讯传输等技术支持，或者提供广告推广、支付结算等帮助，情节严重的，追究刑事责任。

五是，针对开设"伪基站"等严重扰乱无线电秩序、侵犯公民权益的情况，修改关于扰乱无线电通讯管理秩序罪的规定降低构成犯罪门槛，增强法律的可操作性。

六是，增加规定：编造虚假的险情、疫情、灾情、警情，在信息网络或者其他媒体上传播，或者明知是上述虚假信息，故意在信息网络或者其他媒体上传播，严重扰乱社会秩序的，为犯罪行为。

第四节
完善网络安全标准体系

网络安全标准化是国家网络安全保障体系建设的重要组成部分，在构建安全的网络空间、推动网络治理体系变革方面发挥着基础性、规范性、引领性作用。中国政府高度重视网络安全标准化工作，对推进网络安全标准化工作作出了明确部署，专门成立了网络安全标准化工作组织机构，专门发布了推进网络安全标准化工作的文件，标准化工作取得了明显成果。

一、组织机构

中国网络安全标准化工作可以追溯到 20 世纪 80 年代，可以简单分为两个阶段。一是 2002 年以前，网络安全标准都是由各部门和行业根据业务需求分别制定，没有统一规划和统筹管理，各部门之间缺少沟通和交流。二是 2002 年之后，进入统筹规划、协调发展阶段。

2002 年，中国成立了"全国信息安全标准化技术委员会"，简称"信安标委"（TC260），由国家标准委直接领导，对口 ISO/IEC

JTC1 SC27。其英文名称是"China Information Security Standardization Technical Committee"。国标委高新函〔2004〕1 号文决定，自 2004 年 1 月起，各有关部门在申报网络安全国家标准计划项目时，必须经信安标委提出工作意见，协调一致后由信安标委组织申报；在国家标准制定过程中，标准工作组或主要起草单位要与信安标委积极合作，并由信安标委完成国家标准送审、报批工作。信安标委的成立表明中国网络安全标准化工作进入了"统筹规划、协调发展"的新时期。

目前，信安标委已启动了七个工作组和一个特别工作组。

WG1 是网络安全标准体系与协调工作组，主要工作任务有：研究网络安全标准体系；跟踪国际网络安全标准发展动态；研究、分析国内网络安全标准的应用需求；研究并提出新工作项目及工作建议。

WG2 是涉密信息系统安全保密标准工作组，主要工作任务有：研究提出涉密信息系统安全保密标准体系；制定和修订涉密信息系统安全保密标准，以保证国家涉密信息系统的安全。

WG3 是密码技术标准工作组,主要工作任务有: 密码算法、密码模块，密钥管理标准的研究与制定。

WG4 是鉴别与授权工作组，主要工作任务有：国内外 PKI/PMI 标准的分析、研究和制定。

WG5 是网络安全评估工作组，主要工作任务有：调研国内外测评标准现状与发展趋势；研究提出测评标准项目并制定计划。

WG6 是通信安全标准工作组，主要工作任务有：调研通信安全标准现状与发展趋势，研究提出通信安全标准体系，制定和修订通信安全标准。

WG7 是网络安全管理工作组，主要工作任务有：网络安全管理标准体系的研究，网络安全管理标准的制定工作。

一个特别工作组是指大数据安全标准特别工作组，主要工作任务有：负责大数据和云计算相关的安全标准化研制工作。具体职责包括调研急需标准化需求，研究提出标准研制路线图，明确年度标准研制方向，及时组织开展关键标准研制工作。

二、工作成果

信安标委成立以来，坚持以制定国家网络安全保障体系建设急需的、关键的标准为重点，采用国际标准与自主研制并重的工作思路，有计划、有步骤地开展国家网络安全标准研究和制定修订工作，截至2018年4月，正式发布的网络安全国家标准已达到215项。

为了加强网络安全标准化工作的管理和为行业单位提供全方位服务，信安标委建设了国家网络安全标准管理与服务平台，实现对网络安全标准制定全生命周期过程的公开、透明化管理，创建了国内外网络安全标准资源库。同时，信安标委还高度重视网络安全标准化顶层设计与战略规划研究，并配合国家网络安全政策及各部门工作急需，及时研制了网络安全配套标准。在国际标准制定活动中，信安标委积极开展国际网络安全标准化交流工作，跟踪研究国际动态，实质性参与国际标准化活动，提出多项国际标准提案及多份国际标准贡献物。

中国网络安全标准体系的建立，为中国各项网络安全保障工作，例如云计算服务网络安全管理、政府信息系统安全检查、信息系统安全等级保护、网络安全产品检测与认证及市场准入、网络安全风险评估、涉密信息系统安全分级保护和保密安全检查等，提供了强有力的技术支撑和重要依据。

三、推进措施

2016年8月，中央网信办联合国家质检总局、国家标准委发布了《关于加强国家网络安全标准化工作的若干意见》（中网办发文〔2016〕5号）。文件提出，随着网络信息技术快速发展应用，网络安全形势日趋复杂严峻，对标准化工作提出了更高要求。为落实网络强国战略，深化标准化工作改革，构建统一权威、科学高效的网络安全标准体系和标准化工作机制，支撑网络安全和信息化发展，采取以下重要措施：

一是建立统筹协调、分工协作的工作机制。建立统一权威的国家标准工作机制，信安标委在国家标准委的领导下，在中央网信办的统筹协调和有关网络安全主管部门的支持下，对网络安全国家标准进行统一技术归口，统一组织申报、送审和报批。其他涉及网络安全内容的国家标准，应征求中央网信办和有关网络安全主管部门的意见，确保相关国家标准与网络安全标准体系的协调一致。探索建立网络安全行业标准联络员机制和会商机制，确保行业标准与国家标准的协调和衔接配套，避免行业标准间的交叉矛盾。建立重大工程、重大科技项目标准信息共享机制。推动军民标准兼容，加强军民标准化主管部门的密切协作。

二是加强标准体系建设。科学构建标准体系，促进网络安全标准与信息化应用标准同步规划、同步制定。优化完善各级标准，整合精简强制性标准，优化完善推荐性标准，视情在行业特殊需求的领域制定推荐性行业标准，原则上不制定网络安全地方标准。推进急需重点标准制定，坚持急用先行，围绕"互联网+"行动计划、"中国制造2025"和"大数据发展行动纲要"等国家战略需求，加快开展关键信息基础设施保护、网络安全审查、网络空间可信身份、关键信息技术产品、网络空间保密防护监管、工业控制系统安全、大数据安全、个人信息保护、智慧城市安全、物联网安全、新一代通信网络安全、互联网电视终端产品安全、网络安全信息共享等领域的标准研究和制定工作。

三是提升标准质量和基础能力。提高标准适用性，提高标准制定的参与度和广泛性，保证标准充分满足网络安全管理、产业发展、用户使用等各方需求，确保标准管用、好用。提高标准先进性，缩短标准制修订周期，确保标准及时满足网络安全保障、新兴技术与产业发展的需求。提高标准制定的规范性，以规范严谨的工作程序保证标准质量。加强标准化基础能力建设，加强网络安全标准化战略与基础理论研究。

四是强化标准宣传实施。加强标准的宣传解读，将标准宣传实施与网络安全管理工作相结合。加大标准实施力度，在政策文件制定、相关工作部署时积极采用国家标准。

五是加强国际标准化工作。实质性参与国际标准化活动，提升话语权和影响力。推动国际标准化工作常态化、持续化，打造一支专业精、外语强的复合型国际标准化专家队伍。

六是抓好标准化人才队伍建设。积极开展教育培训，培养标准化专业人才队伍。引进和培育高端人才，加大网络安全标准化引智力度，建立网络安全标准化专家库。

七是做好资金保障。各部门、各地方要高度重视网络安全标准化工作，并鼓励企业加大对标准研制和应用的资金投入。

第四章
中国网络安全重点保护领域

金融、能源、电力、通信、交通等领域的关键信息基础设施是经济社会运行的神经中枢，是网络安全的重中之重。这些基础设施一旦被攻击就可能导致交通中断、金融紊乱、电力瘫痪等问题，具有很大的破坏性和杀伤力。从世界范围来看，各个国家网络安全立法的核心就是保护关键基础设施。

《中华人民共和国网络安全法》在立法中首次明确规定了关键信息基础设施的定义和具体保护措施，对于切实维护中国网络空间主权与网络空间安全具有重大而深远的意义。

第一节
关键信息基础设施保护

2016 年 4 月 19 日在网络安全和信息化工作座谈会上，习近平总书记指出，"关键信息基础设施是经济社会运行的神经中枢，是网络安全的重中之重，也是可能遭到重点攻击的目标"，并提出了"采取有效措施，切实做好国家关键信息基础设施安全防护"的重要指示和要求。

2017 年 6 月 1 日正式生效的《网络安全法》用专门一节对"关键信息基础设施的运行安全"作出了明确规定。2017 年中国政府发布了《关键信息基础设施安全保护条例（征求意见稿）》（以下简称"《条例》"），对《网络安全法》中的相关要求给予了细化落地。至此，中国的关键信息基础设施保护制度正式建立，外界对此的各种疑问现在得以厘清。

一、中国的关键信息基础设施的范围有多大？认定规则如何？

有效、完整地识别关键信息基础设施，是关键信息基础设施保护制度的逻辑起点。对此，《条例》第二条延续《网络安全法》的规定，采用了

"资产重要性"作为判断关键信息基础设施的标准，即"一旦遭到破坏、丧失功能或者数据泄露，可能严重危害国家安全、国计民生、公共利益的，应当纳入关键信息基础设施保护范围"。《条例》还在第二条进一步例举了中国的关键信息基础设施覆盖的领域或行业，包括：公共通信和信息服务、能源、交通、水利、金融、公共服务、电子政务、国防科技工业等。

此外，《条例》第九条提出了认定关键信息基础设施的主要因素，包括：网络设施、信息系统等对于本行业、本领域关键核心业务的重要程度；网络设施、信息系统等一旦遭到破坏后可能带来的危害程度；对其他行业和领域的关联性影响等。显然，中国的关键信息基础设施保护制度的逻辑起点是资产的重要性。

这样的判断标准，符合国际通行惯例。例如，2013年2月，美国发布13636号总统行政令《改进关键基础设施网络安全》和第21号总统政策指示《关键基础设施安全和弹性》，将关键基础设施部门确定为16类，分别为：化学制品、商业设施、通信、关键制造业、大坝、国防工业基地、应急服务、能源、金融服务、食品和农业、政府设施、公共健康和医疗、信息技术、核反应堆及核材料与废弃物、运输、水和废水处理系统。近期，新加坡公布了其《网络安全法案》。在该法案中，关键信息基础设施被定义为"支撑国家所依赖的基础服务（essential services）的持续供给所必要的计算机或计算机系统"，其中，基础服务是指"一旦丧失或受损，即会对国家安全、国防、外交关系、经济、公共健康、公共安全或者公共秩序造成严重削弱"的服务。可见，新加坡同样遵循了"资产重要性"这个识别标准。

再进一步看领域或行业内的关键信息基础设施的具体认定。《条例》第十二条规定，关键信息基础设施具体认定主要考虑下列因素：一是网络设施、信息系统等对本行业、本领域关键核心业务的重要程度；二是网络设施、信息系统等一旦遭到破坏后可能带来的危害程度；三是对其他行业和领域的关联性影响。

类似的思路也体现于 2015 年 7 月 25 日正式生效的德国《网络安全法》（IT Security Act）。德国的《网络安全法》将关键基础设施定义为，"对公众至关重要"且一旦"崩溃或受损"，将导致"对大量用户造成显著的供应短缺"的设施。为进一步识别关键基础设施的范围，德国内政部分别于 2016 年 5 月和 2017 年 6 月颁布法令，划定了能源、信息技术和通信、水和食品、健康、金融和保险、运输和交通等行业和领域的关键基础设施范围。上述两项法令仍然以"资产重要性"作为判断的标准：即首先分行业、领域确定关键业务；其次，识别对关键业务来说必需的支撑设施类型；再次：法令按照行业、领域，就关键业务和支撑设施类型设定临界值（threshold values），高于临界值的关键业务和支撑设施

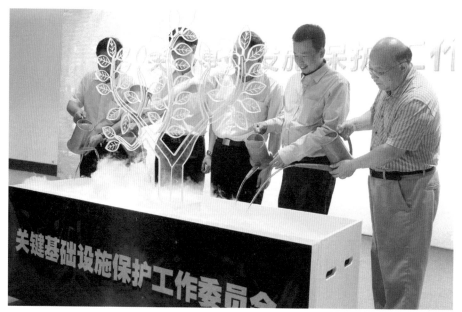

2016 年 7 月 16 日，关键基础设施保护工作委员会宣布成立。

2018 年 9 月 18 日，关键信息基础设施安全论坛在四川成都举办。

就划入关键基础设施的范围。例如，对临床医疗领域，临界值是每年接受的住院病人数量。

总的来看，中国对关键信息基础设施的界定，无论是覆盖的领域或行业，还是设施的具体认定，都与国际上的通行做法采取了相同的思路。

二、关键信息基础设施的保护思路是什么？和网络安全等级保护制度有何区别？

既然关键信息基础设施对国家、社会、民众如此重要，对它们的保护水平显然应该更高。从这个角度来看，网络安全等级保护制度（简称"等保"）与关键信息基础设施保护工作非常契合，因为等保的显著特征即是根据"资产的重要性"来划分等级，并根据等级要求运营者建立相匹配的安全保护能力。

也正因为如此，《网络安全法》和《条例》共同规定，关键信息基础设施的保护应以网络安全等级保护制度为基础。但与此同时，《网络安全法》和《条例》还规定了应当"在网络安全等级保护制度的基础上，实行重点保护"。那么如何理解所谓的"重点保护"？

对此，《条例》给出了清晰的回答，即以风险管理的思想对关键信息基础设施保护工作给予了全面、科学、先进的统筹设计。

事实上，在"4·19"讲话中，习近平总书记对风险管理对关键信息基础设施保护的重要意义作出了非常系统的论述。通过风险管理来统筹对关键信息基础设施的各方面保护工作，正是对其实行"重点保护"的最主要内容之一。

一套完整的风险管理流程，大致由四个步骤组成：第一是识别风险；第二是评估风险；第三是应对风险；第四步是持续不断地监控环境和风险的变化。这四个步骤构成反馈循环（feedback loop）以不断提升组织管理风险的水平，以下从四个方面分别论述。

首先，识别风险、评估风险，对网络安全工作，乃至于关键信息基础设施的保护，具有先导性的意义。习近平总书记指出，"知己知彼，才能百战不殆"；"维护网络安全，首先要知道风险在哪里，是什么样的风险，什么时候发生风险"；"没有意识到风险是最大的风险"，无法识别风险的后果只能是"谁进来了不知道、是敌是友不知道、干了什么不知道"。

其次，风险有内部风险、外部风险的区分。按照习近平总书记的话来说，识别、评估内部风险，能够"摸清家底""找出漏洞""通报结果""督促整改"。识别、认识外部风险，能让我们知道什么时候"人家用的是飞机大炮，我们这里还用大刀长矛"。

再次，风险管理对网络安全工作的统筹安排、资源分配具有全局性、基础性的指导意义。习近平总书记指出，"网络安全是相对的而不是绝对的。没有绝对安全，要立足基本国情保安全，避免不计成本追求绝对安全，那样不仅会背上沉重负担，甚至可能顾此失彼"。因此，在资源约束下，如何判断轻重缓急，如何做到科学高效地分配网络安全力量，风险管理是最好的指南。习近平总书记说，通过识别和评估风险，我们才能"有本清清楚楚的账"——即"哪些方面要重兵把守、严防死守，哪些方面由地方政府保障、适度防范，哪些方面由市场力量防护"。

第四，风险管理不仅是网络安全，更是整个国家安全工作的基本指导之一。《国家安全法》在第四章"国家安全制度"中专门用两节的篇幅（"情报信息"和"风险预防、评估和预警"）来对国家安全的风险

国家超级计算济南中心全部采用国产 CPU 和系统软件，实现了国家大型关键信息基础设施核心技术的自主可控。

管理作出详细规定。

如果用一句话来总结，坚持风险管理的思想，能够在关键信息基础设施保护工作中超越"所保护的资产重要性"单一的判定维度，超越根据等级建设"底线式、静态式"安全能力的合规思路，实现有效掌握"攻防两端能力"对比变化，科学高效分配有限的安全资源和力量，进而在动态对抗博弈中赢得主动，达到实质性的安全效果。

三、《条例》如何体现了国际通行的风险管理理念？

《条例》中贯彻风险管理的思想主要体现在以下几个方面。一是《条例》落实了习近平总书记要求建立的"全天候全方位网络安全态势感知体系"。第四章"保障和促进"的第二十三、二十四条要求国家网信部门、保护工作部门（包括行业和领域的主管监管部门）分别建立国家层面、行业和领域层面的"网络安全信息共享机制"和本行业、本领域的"网络安全监测预警机制"，及时开展网络安全威胁、漏洞、事件等网络安全信息的汇总、研判、共享、预警、发布通报等工作。其中，第二十七条还强调"网络安全信息共享机制"应充分发挥运营单位和网络安全服务机构的作用，事实上要求国家网信部门统筹协调建立政府、企业、网络安全服务机构之间的网络安全信息共享机制。至此，《条例》通过建立横跨公私部门、层次丰富、纵横交错的网络安全信息共享网络，最终达到综合运用各方面掌握的数据资源，更好感知网络安全风险态势的效果。

二是《条例》第二十六条要求保护工作部门定期组织对本行业、本领域关键信息基础设施的网络安全风险以及运营者履行安全保护义务的情况，进行检查检测。与以往"合规打勾式"的安全检测有本质不同的是，保护工作部门在日常工作中不仅掌握了本行业、本领域的网络安全风险态势，还通过国家网信部门建立的监测预警体系掌握了全国范围内的网络安全风险，因此在安全检查和检测中，必定能够有效地指导、督促运营者及时发现问题，并提出与当前风险态势相称的安全防护措施。因此，通过保护工作部门定期的检查检测，对风险的感知能够具体化为实际的、与外界情况变化相匹配的安全防护要求，并进而落到实处。

三是《条例》第二十五条规定，保护工作部门应建立完善本行业、本领域的网络安全事件应急预案，定期组织应急演练，指导运营单位做好网络安全事件应对处置，组织提供技术支持与协助。在全面掌握时刻变化的风险态势基础上开展的应急演练，无疑能够最大程度地避免"拍脑袋"的情况，使得演练具有直接的针对性、时效性。

四是《条例》第十八条规定，关键信息基础设施发生重大和特别重大

2008年6月，河南省通信管理局与国家计算机网络应急技术处理协调中心河南分中心联合组织网络安全应急演练。

网络安全事件或发现重大网络安全威胁时，运营者应当按照有关规定报告。

综合这几方面的规定，可以看出，《条例》的目标是在全国范围内针对关键信息基础设施建立起立体、交叉的网络安全态势感知体系，并通过政府部门的检查、检测、演练等动作，把对风险的实时感知和分析转变为动态、有针对性的安全防护要求。从这个方面来看，《条例》第三章规定的关键信息基础设施运营者的安全保护义务，应从风险管理的角度加以理解，而且根据风险态势的变化适时调整安全防护策略，应是关键信息基础设施运营者安全保护义务的题中之义。

按照《条例》的上述制度安排，政府部门对风险的感知能够在识别风险和评估风险环节，就及时注入关键信息基础设施运营者自行开展的风险管理中，这不仅能够避免运营者"只见树木不见森林"，还能有效避免运营者为发展业务，故意选择性地忽视面临的风险。

通过风险管理来统筹对关键信息基础设施的安全保护工作，实际上也是美国、欧盟等国家和区域最新的网络安全立法、政策、标准的核心理念。

美国时任总统奥巴马于 2013 年颁布的行政令 13636 号《提升关键基础设施的网络安全》（"Improving Critical Infrastructure Cybersecurity"）明确要求美国国家标准与技术研究院（NIST）制定以风险管理为基础的"网络安全框架"（Cybersecurity Framework）作为保护美国关键基础设施的核心措施之一。目前，NIST 制定的"网络安全框架"得到了美国多个监管部门的青睐，例如美国证监会（SEC）、美国联邦贸易委员会（FTC）、国土安全部、能源部等均向其监管对象推荐以风险管理为核心的"网络安全框架"。

在欧盟，2016 年通过的专门针对"基础性"的网络和信息系统的《网络和信息安全指令》（NIS Directive）也提倡建立一种"风险管理文化"：

"基础性"网络和信息系统的运营者应开展风险评估，并采取与所面临风险"相称"（appropriate to）或"成比例"（proportionate to）的安全措施。同样于2016年通过的《通用数据保护条例》（GDPR）第三十二条规定了个人信息控制者的安全保护义务：在考虑所持有的"数据的本质属性"、最先进的安全保护措施以及实施成本的前提下，个人信息控制者应采取与其面临的安全风险相称的技术和管理措施。

事实上，已有不少专家学者指出，虽然美国和欧盟在法律体系上存在显著差异，但是两者应对网络安全问题的路径（approaches）正在逐渐趋同，即均以风险管理为核心，敦促运营者时刻根据不断变化的网络风险来调整所采取的安全防护措施。

正如2016年12月美国时任总统奥巴马成立的美国网络安全促进委员会的报告所指出的：全球的各个网络物理系统（cyber and physical systems）正日益变得趋同、相互连接、相互依赖、超越国界，这就意味着网络安全需要在包括国际、国家、组织、个人等在内的各个层次中协调实现。近来爆发的WannaCry、NotPetya病毒即是最好的例证。而随着《条例》将风险管理确立为统筹关键信息基础设施保护的指针，中、美、欧在关键信息基础设施保护方面开展国际合作具备了共同的语言和共同的基础。

总之，关键信息基础设施保护是在网络安全等级保护制度的基础上，实行重点保护。其不仅对关键信息基础设施运营者提出了新的安全保护义务，更重要的是要求国家网信部门、保护工作部门主动掌握安全风险态势，并以此引领具体保护工作。关键信息基础设施保护旨在形成以风险管理为核心、多方联动、可持续提升的安全保障体系，以更好地应对网络空间日益严峻的安全形势，切实保障国家安全、国计民生和公共利益。

四、《条例》规定对网络产品和服务进行安全审查的目的是什么？

《条例》第十九条规定，关键信息基础设施运营者采购的网络产品和服务可能影响国家安全的，应当按照国家网络安全规定进行安全审查。对此，国际、坊间存在着这样或那样的误解，甚至于曲解。而随着《国家安全法》《网络安全法》《国家网络空间安全战略》等法律、战略的相继出台，以及《网络产品和服务安全审查办法》（以下简称"《办法》"）和《网络安全审查办法（征求意见稿）》的更迭推出，网络安全审查的价值取向、目标定位以及制度框架等越来越清晰。

首先，网络安全审查的价值取向是维护国家安全。按照《国家安全

2018年7月23日，全国青年学子网络安全万里行启动仪式在陕西西安举行，大学生志愿者将奔赴全国各地推广国家《网络安全法》，倡导增强网络安全意识，提高网络安全技能，共同维护网络安全。

法》第五十九条的规定，在信息技术领域，国家安全审查针对的对象是"影响或者可能影响国家安全的"事项和活动，包括网络信息技术产品和服务，目的在于"有效预防和化解国家安全风险"。《网络安全法》第三十五条规定，"关键信息基础设施的运营者采购网络产品和服务，可能影响国家安全的"，应当通过国家网信部门会同国务院有关部门组织的国家安全审查。

与两部法律一脉相承，《国家网络空间安全战略》在"保护关键信息基础设施"一节中提出对"党政机关、重点行业采购使用的重要信息技术产品和服务"，"建立实施网络安全审查制度"；界定关键信息基础设施的标准，正是"一旦遭到破坏、丧失功能或者数据泄露，可能严重危害国家安全、国计民生、公共利益"。

因此，从现行有效的《网络产品和服务安全审查办法》来看，网络安全审查的价值取向，在于发挥国家公权力的权威性、强制性，维护国家、社会整体层面的主权、安全和发展利益。《办法》的出台，使得"两法、一战略"的理念得以充分地贯彻和执行。

其次，网络安全审查的目标定位是保障安全可控。作为着眼于国家安全的一项重要制度，网络安全审查的对象非常明确——"关系国家安全和公共利益的信息系统使用的重要网络产品和服务"，且根本目标在于"提高网络产品和服务的安全可控水平，防范供应链安全风险"。而对"安全可控"和"供应链安全风险"，可以从以下"不是什么"和"是什么"两个角度来理解：

一是与业务性能的区别。网络安全审查并非审查、评估产品和服务的业务性能，而是其在输出功能的过程中（也就是规定动作），会不会擅自采取一些自选动作，以及有没有可能被非法篡改、干扰、中断等。用更通俗的话来说，影响或可能影响国家安全的产品和服务必须绝对"忠于用户"，至于产品和服务本身的功能、性能有多大或够不够用，不是安全审查的重点。

二是安全可控的具体内涵。对此，《办法》第四条列举了审查重点关注的四种风险：稳定性方面（被非法控制、干扰和中断运行的风险）、供应链安全方面（研发、交付、技术支持过程中的风险）、用户自主支配其信息方面（利用提供产品和服务的便利条件非法收集、存储、处理、利用用户相关信息的风险）、用户保持独立自主方面（利用用户对产品和服务的依赖，实施不正当竞争或损害用户利益的风险）。

当然，安全可控的概念应当随着形势的变化而获得新的内涵，因此第四条最后一款进行了兜底。

用一个例子来说明的话，在重要岗位使用一个人要考察三个层面：一是能力，通过资格认证解决；二是健康度，通过定期体检来解决；三是忠诚度，通过背景审查以及持续的行为分析（UBA, user behavior analysis）来解决。

对于关键的网络产品和服务也是这样：首先，产品和服务的功能，通过认证测评解决。其次，产品和服务的持续运营能力，通过安全检查来解决。再次，产品和服务的可信问题。目前这是我国网络安全审查所要解决的部分。

最后，网络安全审查的制度框架充分吸纳多方共同参与。在"4·19"讲话中，习近平总书记提出"网络安全为人民，网络安全靠人民"的精辟论断。《国家安全法》第九条也要求，"维护国家安全，应当坚持预防为主、标本兼治，专门工作与群众路线相结合，充分发挥专门机关和其他有关机关维护国家安全的职能作用，广泛动员公民和组织，防范、制止和依法惩治危害国家安全的行为"。因此，网络安全审查工作绝非某一单独部门的事，而是大家的事。具体来说，网络安全审查吸纳多方参与的特色体现于以下几个方面：

网络安全审查工作的组织和领导工作，由网络安全审查委员会承担，该委员会由国家网信办会同有关部门成立。委员会下设网络安全审查办公室。此外，委员会还组建网络安全审查专家委员会。网络安全审查委员会、办公室、专家委员会一道，构成了网络安全审查工作的顶层制度设计。在启动审查阶段，《办法》第八条规定了企业申请、主管机关和部门依职权申请、全国性行业协会建议、市场普遍反映等多种形式。在审查过程中，独立的第三方机构形成第三方评价，专家在第三方评价的基础上提出综合评估后，上报网络安全审查委员会，形成最终的审查结论。审查结论经由国家网信办认可后，由网络安全审查办公室发布或通报。

2019 年 5 月 24 日，中国国家互联网信息办公室对外发布《网络安全审查办法（征求意见稿）》。该文本在原有的《网络产品和服务安全审查办法》基础上，沿着上述思路进行了完善更新，特别是在维护供应链安全方面提出了新的审查要求。目前，中国国家互联网信息办公室已经完成了公开征求意见的工作，正在对该办法进行提升。一旦《网络安全审查办法》正式发布，将正式取代《网络产品和服务安全审查办法》。

总之，中国政府确定关键信息基础设施覆盖的领域和行业，以及关键信息基础设施的具体认定，与国际的一般做法一致无二。此外，中国关键信息基础设施保护制度包含两大部分：第一层次为网络安全等级保护制度，主要是根据资产重要性确定不同等级的网络应该采取的安全措施；第二层次为《条例》突出的动态安全风险管理的识别、评估、应对、监控。之所以不像欧美那样直接用风险式的立法要求，而是多了一层等级保护制度，更多的是因为中国的网络运营者的安全能力整体较弱、实施安全保护的经验和历练都比较少，迫切需要整体提升安全能力水平。在基础安全能力提升之后，关键信息基础设施运营者就能够根据动态风险管理的理念，调整优化自己的安全防护策略。

第二节
数据安全保护

　　"数据已成为国家基础性战略资源"，这是指导我国未来经济社会发展的两份基础性文件——《促进大数据发展行动纲要》和"十三五规划纲要"的共同认识。《促进大数据发展行动纲要》还进一步指出，"大数据正日益对全球生产、流通、分配、消费活动以及经济运行机制、社会生活方式和国家治理能力产生重要影响。"

　　事实上，在国务院和各部门的发文中，有资格被称为"基础性战略资源"的只有数据（或大数据）和档案。而冠以"战略资源"的，则有土地、草原、稀土、石油、天然气、粮食、水、森林、矿产、煤炭等。从字面上看，加上"基础性"这样的限定，自然意味着更加重要。这也从另一个侧面体现了我国党和政府对数据的高度重视以及对其作用的深刻认识。同时，这样的对比也凸显出一个严峻的现实：我国对稀土、石油、天然气、矿产、森林等战略资源已经配套建立了相对成熟的保护体系，而与之相比，国家对数据资源显然尚未形成一套科学完备的、与其重要性相匹配的保护体系。

2018 年 5 月 26 日，中国国际大数据产业博览会在贵阳开幕。

习近平总书记在多个场合一再强调，"网络安全和信息化是一体之两翼、驱动之双轮，必须统一谋划、统一部署、统一推进、统一实施"。在中共中央政治局第二次集体学习时，习近平总书记强调"强化国家关键数据资源保护能力"。因此，在按照"十三五规划纲要"的要求，"全面实施促进大数据发展行动，加快推动数据资源共享开放和开发应用，助力产业转型升级和社会治理创新"时，如何对数据这样一种宝贵的国家基础性战略资源进行有效保护，成为我国政府必须正视的当务之急。

随着《网络安全法》于 2017 年 6 月 1 日正式开始实施，我国网络安全工作的基本框架、网络安全工作的重点任务和要求得到明确。而具体到数据安全保护，《网络安全法》在三十七条非常有特色地规定了个人信息和重要数据的出境安全评估制度。如何理解这样一个制度创新，这一制度的落实将对建设我国数据资源保护体系具有怎样的重要意义等问题，将是本节讨论的重点。

一、《网络安全法》对数据安全作出了什么样的总体设计？

综合《网络安全法》有关数据安全保护的条文，根据其保护维度不同，大概可划分出三个层次。如下表所示。

维度	条文
数据安全	第十条："维护网络数据的完整性、保密性和可用性"
	第二十一条："防止网络数据泄露或者被窃取、篡改"
	第二十七条："不得提供专门用于……窃取网络数据等危害网络安全活动的程序、工具"
	第三十一条："一旦遭到破坏、丧失功能或者数据泄露，可能严重危害国家安全、国计民生、公共利益的关键信息基础设施"
个人数据保护	第四十至第四十四条
国家层面的数据保护	第三十七条："关键信息基础设施的运营者在中华人民共和国境内运营中收集和产生的个人信息和重要数据应当在境内存储"
	第五十一条："国家网信部门应当统筹协调有关部门加强网络安全信息收集、分析和通报工作"
	第五十二条："负责关键信息基础设施安全保护工作的部门，应该……按照规定报送网络安全监测预警信息"

首先，保障数据完整性、保密性和可用性，亦即传统信息安全所称的"CIA 三性"，在《网络安全法》的总则部分第十条就予以明确。第二十一条规定了网络运营者（包括关键信息基础设施的运营者）的安全保护义务，明确提出"防止网络数据泄露或者被窃取、篡改"的要求。第三十一条更是从数据泄露可能造成的危害这个角度来界定关键信息基础设施的范围。

其次，个人信息保护方面，《网络安全法》不仅继承了我国现有法律关于个人信息保护的主要条款内容，而且根据新的时代特征、发展需求和保护理念，创造性地增加了部分规定。例如，第四十条明确将收集和使用个人信息的网络运营者，设定为个人信息保护的责任主体；第四十一条增加了最少够用原则；第四十二条增设了个人信息共享的条件；第四十三条增加了个人在一定情形下删除、更正其个人数据的权利；第四十四条在法律层面首次给予个人信息交易一定的合法空间。可以说，五条关于个人信息的规定，注重保障个人对自己信息的自主权和支配权，且条条有创新，与现行国际规则及美欧个人信息保护方面的立法实现了理念上、原则上的全面接轨。

最后，国家层面的数据保护。第五十一、五十二条对网络安全信息作出了规定，要求国家网信部门及有关部门加强网络安全信息的收集，并要求负责关键信息基础设施安全保护工作的部门及时报送网络安全信息。这就意味着对于网络安全信息这一类重要数据，包括私营部门掌握的网络安全信息，《网络安全法》赋予了国家有关部门收集、分析的权力。而第三十七条则要求关键信息基础设施的运营者在境内运营中收集和产生的个人信息和重要数据，应当在境内存储。若要将个人信息和重要数据向境外提供，则应首先经过安全评估。

综上，《网络安全法》对数据安全保护的要求可总结如下：

数据安全 = 保密性 + 完整性 + 可用性

个人信息保护 = 数据安全 + 个人信息收集和使用基本原则（合法、正当、必要、公开透明等）+ 个人删除和更正的权利

国家层面的数据安全保护 = 数据安全 + 重要数据的支配权 + 数据出境安全评估

二、《网络安全法》对个人信息保护提出了什么要求？

当下，信息革命的浪潮和数字化的全面铺开使得人们的生产生活越来越与互联网深度融合。在线下的各种场景逐渐搬到网上的同时，个人信息得以挣脱纸面的束缚，直接以比特的形式被海量地记录、传输、存储、使用等。经过数字化、网络化后，个人信息一方面继续保有"单独或者

2018年1月16日，广州大学与广州市黄埔区、广州开发区签订合作框架协议，将共建数据安全学院及数据安全科技孵化基地。

与其他信息结合识别特定个人"的能力，另一方面又能在现代计算和存储能力的支持下，价值得到进一步挖掘和释放。放眼全球，个人信息已成为数字经济中提升效率、支撑创新最重要的基本元素之一。

在全面拥抱个人信息数字化和网络化的同时，许多境内外的网络犯罪团伙已将目标瞄准了个人信息，窃取了数以亿计的个人信息，并形成了交易个人信息的地下黑产。他们利用个人信息与特定个人之间的紧密关系实施各种犯罪，例如以个人信息为基础的精准诈骗。除此之外，冒用个人网络身份更是直接造成了不可估量的经济损失。前段时间还发生了"徐玉玉案"等因个人信息泄漏而导致人身伤亡的惨剧。这些都给我们敲响了警钟。

当下，我国个人信息保护现状亟待改进。仅 2014 年，中国就有多家知名电商、快递公司、招聘网站、考试报名网站等发生数据泄露事件，其中由于用户管理模块存在漏洞，某知名手机厂商论坛包括账号、密码和社交账号等 800 万用户个人信息遭泄露。《2015 年我国互联网网络安全态势综述》显示，这一年我国再次发生了严重的数据泄露事件，如约 10 万条应届高考考生信息泄露事件、某票务系统近 600 万用户信息泄露事件等等。

在"4·19"讲话中，习近平总书记高屋建瓴地对网信工作六大重点问题进行了系统性论述，提出了"以人民为中心"的网信发展思想，并作出了"网络安全为人民、网络安全靠人民"重要指示。显然，现实状况和总书记提出的要求有明显差距。如果个人信息遭未经授权的访问、使用、披露、破坏、修改等的局面不加改善，网络空间依旧荆棘遍布、陷阱重重，老百姓上网、用网不放心，互联网如何能成为人们学习、工作、生活的新空间，获取公共服务的新平台？

对此，《网络安全法》在第四章"网络信息安全"中用相当的篇幅

2018 年 4—5 月，广东警方开展"净网安网"专案收网行动，共打掉犯罪团伙 40 余个，缴获非法获取买卖的公民个人信息 1.2 亿余条。

对网络运营者处理个人信息的行为作出了规范，具体有以下五方面特点和创新：

一是，《网络安全法》系国内关于个人信息保护最为综合的权威规定。目前，我国尚未制定统一的个人信息保护法。在《网络安全法》出台之前，个人信息保护方面最主要的法律是 2012 年通过的全国人大常委会《关于加强网络信息保护的决定》和 2013 年通过的全国人大常委会《关于修改 < 中华人民共和国消费者权益保护法 > 的决定》，以及 2009 年通过的《刑法修正案（七）》和 2015 年通过的《刑法修正案（九）》。

《网络安全法》不仅继承了上述法律关于个人信息保护的主要条款内容，而且根据新的时代特征、发展需求和保护理念，创造性地增加了部分规定，例如最少够用原则（"网络运营者不得收集与其提供的服务无关的个人信息"）、个人信息共享的条件（"未经被收集者同意，不得向他人提供个人信息。但是，经过处理无法识别特定个人且不能复原的除外"）、个人的数据权利（"个人发现网络运营者违反法律、行政法规的规定或者双方的约定收集、使用其个人信息的，有权要求网络运营者删除其个人信息；发现网络运营者收集、存储的其个人信息有错误的，有权要求网络运营者予以更正。网络运营者应当采取措施予以删除或者更正"）等。

二是，《网络安全法》明确个人信息保护的责任主体。《网络安全法》在"网络信息安全"这一章的开头，就明确提出了"谁收集，谁负责"的基本原则，将收集和使用个人信息的网络运营者，设定为个人信息保护的责任主体。法律规定："网络运营者应当对其收集的用户信息严格保密，并建立健全用户信息保护制度"。按该条款的规定，无论在防范内部人员倒卖个人信息，还是在保障系统不被攻破导致信息泄露等方面，收集和使用个人信息的网络运营者都是第一责任主体。通过明确责任，一能避免个人信息泄露导致严重后果后"无人负责"的局面，二能倒逼网络运营者重视对其掌握的个人信息的保护工作。

三是，《网络安全法》和国际先进理念接轨。总的来说，《网络安全法》关于个人信息保护方面的规定，与现行国际规则以及美欧个人信息保护方面的立法实现了理念上的接轨。目前，全球公认的个人信息保护方面的主要法律文本有 OECD 隐私框架、ΛPEC 隐私框架、欧盟《通用数据保护条例》（General Data Protection Regulation）、欧美"隐私盾"协议（Privacy Shield）、美国"消费者隐私权法案（讨论稿）"（Consumer Privacy Bill of Rights Act of 2015）等。综合这些立法，可得出个人信息保护的主要原则，包括目的明确原则、同意和选择原则、最少够用原则、开放透明原则、质量保证原则、确保安全原则、主体参与原则、责任明确原则、披露限制原则等。

上述原则在《网络安全法》中均得到体现。例如，开放透明原则是指应以明确、易懂和合理的方式如实公示其收集或使用个人信息的目的、个人信息的收集和使用范围、个人信息安全保护措施等信息，接受公共监督。该原则具体化于《网络安全法》规定：网络运营者应"公开收集、使用规则，明示收集、使用信息的目的、方式和范围"。再如主体参与原则，相比国内现有的立法，《网络安全法》的一大亮点就是赋予个人在一定条件下要求删除和更正其个人信息的权利。

四是，《网络安全法》在个人信息保护和利用间实现平衡。在大数据和云计算的时代，包括个人信息在内的数据，只有充分地流动、共享、交易，才能实现集聚和规模效应，最大程度地发挥价值。但数据在流动、易手的同时，可能导致个人信息主体及收集、使用个人信息的组织和机构丧失对个人信息的控制能力，造成个人信息扩散范围和用途的不可控。如何实现两者的平衡是新时期个人信息保护的重要挑战之一。

对此，《网络安全法》首先在法律层面给予个人信息交易一定的空间，这是一个巨大的进步。《关于加强网络信息保护的决定》规定"不得出售"公民个人信息；而《网络安全法》规定"不得非法出售"公民个人信息，换句话说，按《网络安全法》的规定，在一定情形下是可以出售公民个人信息的，这无疑给符合规定的个人信息交易开了绿灯，为我国大数据产业发展提供了空间。当然，交易的合规条件有待后续进一步的规定。

其次，《网络安全法》进一步规定了合法提供个人信息的情形，这也是一个重要的创新。法律规定，"未经被收集者同意，不得向他人提供个人信息。但是，经过处理无法识别特定个人且不能复原的除外。"
从条文理解，至少在两种情形中，可以合法对外提供个人信息：一是被
收集者也就是个人的同意；二是将收集到的个人信息进行匿名化处理，
使得无论是单独或者与其他信息相结合后，仍然无法识别特定个人且不
能复原。

五是，《网络安全法》规定了个人信息安全事件发生后的强制告知
和报告。《网络安全法》规定，"在发生或者可能发生个人信息泄露、毁损、
丢失的情况时，应当立即采取补救措施，按照规定及时告知用户并向有
关主管部门报告"。相比以往的法律规定，新增了个人信息安全事件发
生后的强制告知和报告。

从全球范围看来，包括个人信息安全事件在内的网络安全事件的
强制报告和告知，是近期的立法重点。许多国家和地区都注重通过强制
对外报告和告知，进一步增强组织和机构的责任主体意识，敦促其认真
对待保护个人信息的义务。在美国，联邦层面有健康保险携带和责任法

2018 年 7 月 12 日，2018 中国互联网大会个人信息保护论坛在北京举行。

案（Health Insurance Portability and Accountability Act）、金融业的格雷姆 - 里奇 - 比利雷法案（Gramm-Leach-Bliley Act）规定了数据安全事件强制告知和报告制度；此外，美国有 47 个州，以及哥伦比亚特区、关岛、波多黎各和美属维尔京群岛都通过了数据安全事件强制告知和报告法律。在欧盟，《通用数据保护条例》和欧盟网络信息安全指令（NIS Directive）也都规定了强制告知和报告的义务。显然《网络安全法》吸纳了国外个人信息保护的先进经验。

《网络安全法》加强了对个人信息的保护，让人民可以安全地享用互联网带来的红利，是贯彻习近平总书记重要指示的具体体现。《网络安全法》的出台和落实，将有效遏制个人信息滥用乱象，提升个人信息保护水平，最大程度地保障用户合法权益和社会公共利益。

三、国家标准《个人信息安全规范》是否和国际标准接轨？

2017 年 8 月 22 日，中央网络安全和信息化领导小组办公室、国家质量监督检验检疫总局、国家标准化管理委员会联合发布了《关于加强国家网络安全标准化工作的若干意见》（以下简称《意见》）。《意见》在第二部分"加强标准体系建设"中提出"推进急需重点标准制定"，并明确将制定"个人信息保护"方面的标准列为近期工作重点之一。正如《意见》所指出的，"网络安全标准化是网络安全保障体系建设的重要组成部分，在构建安全的网络空间、推动网络治理体系变革方面发挥着基础性、规范性、引领性作用"，为实质性地改善收集、使用个人信息的组织机构的行为，急需一套科学、先进、符合现实需求、具有操作性的个人信息保护行为规范。

2017 年 12 月底，国家标准化委员会正式发布信息安全技术国家标准《个人信息安全规范》，于 2018 年 5 月 1 日正式生效。《个人信息安全规范》标准针对处理个人信息的各类组织（包括机构、企业等），提出具体的保护要求，是我国个人信息保护工作的基础性标准文件，为今后开展与个人信息保护相关的各类活动提供依据，为制定和实施个人信息保护相关法律法规奠定基础，为国家主管部门、第三方测评机构等开展个人信息安全管理、评估工作提供的指导和依据。

首先，《个人信息安全规范》贯彻习近平总书记"网络安全为人民"重要指示精神，注重把握好以下四方面价值之间的平衡：一是个人隐私权和信息自决权，包括在一定程度上控制个人信息的收集、使用、流转，以及控制基于数据作出的各项决定对个人的影响；二是发展利益，即企业和产业充分利用个人信息，提供、改进、创新产品和服务的合理诉求；三是公共利益，政府部门利用个人信息完成公共管理以及社会发展所必须的信息自由流动和公众知情权；四是国家利益，个人信息跨境流动对国家主权、国家安全、国家竞争力等方面造成的正面、负面影响。

其次，《个人信息安全规范》立足于我国现有的法律、法规、规章、标准。全国人大常委会《关于维护互联网安全的决定》、全国人大常委会《关于加强网络信息保护的决定》、《刑法修正案（五）》、《刑法修正案（七）》、《刑法修正案（九）》、《电信和互联网用户个人信息保护规定》、《信息安全技术 公共及商用服务信息系统个人信息保护指南》（GB/Z28812-2012）、《信息安全技术 信息技术产品供应方行为安全准则》（报批稿）等。

再次，《个人信息安全规范》参考个人信息保护方面最先进的国外立法。例如，OECD 隐私框架、APEC 隐私框架等国际规则，欧盟《通用数据保护条例》、欧美"隐私盾"协议、美国"消费者隐私权法案"等欧美个人信息保护方面的立法。

最后，《个人信息安全规范》在参考个人信息保护方面的国际标准的基础上，做到与国际接轨。ISO/IEC JTC1/SC27 是国际标准化组织（ISO）和国际电工委员会（IEC）联合技术委员会（JTC1）下属专门负责信息安全领域标准化研究与制定工作的分技术委员会，SC27/ WG5 负责身份管理和隐私保护相关标准的研制和维护。目前最具代表性和体系性的个人信息保护标准，当属由该机构制定的 ISO/IEC 29100 系列标准，包括：ISO/IEC 29100《隐私保护框架》、ISO/IEC 29101《隐私体系架构》、ISO/IEC 29190《隐私能力评估模型》、ISO/IEC 29134《隐私影响评估》、ISO/IEC29151《个人可识别信息保护指南》等。此外还有美国的保护个人身份信息机密性指南（NIST SP800-122）、联邦信息系统隐私与安全控制（NIST SP800-53）；欧盟的数据保护审计实践清单（CWA 15262:2005）、管理者的自评估框架（CWA 16112:2010）、个人数据保护良好实践（CWA 16113:2010）等等。

大数据技术及应用的迅猛发展使得个人信息保护面临更多的挑战：收集环节，移动互联网和物联网的发展使对个人信息的收集日益密集、隐蔽；使用环节，多来源的个人信息组合，形成数字画像、实时追踪、数据挖掘，增加个人信息和隐私暴露的风险，显著影响个人权益；披露环节，数据流转、交易形成链条，信息处理主体多元，流转方式纷繁复杂，个人信息跨境流动成为常态。《个人信息安全规范》提出了面向未来、能科学有效地抵御数据保护风险、符合信息化发展需要的个人信息保护标准，丰富了中国个人信息保护的体系、内容。

四、《网络安全法》中的"重要数据"是指什么？

2016 年 11 月 7 日全国人大常委会通过的《网络安全法》，删除了原本三审稿中的"重要业务数据"中的"业务"两字，体现了立法者最后时刻的考量：重要数据的重要性，针对的是整体层面的利益保护，即保护国家安全、国计民生、公共利益。因此，只要网络运营者的数据不涉及整体层面利益，就不属于"重要数据"的范畴。例如，一家互联网公司的高层会议纪要，对这家公司来说非常重要，但如果不涉及国家、公共利益，显然不属于"重要数据"的范畴，这样的数据就能够自由出境。但是一家生产战备物资的企业，其信息系统形成的进出货记录、库存水平等，可能就涉及国家安全事项，应当认定其为"重要数据"，《网络安全法》要求其在出境前进行安全评估。

从"重要业务数据"改为"重要数据"，说明《网络安全法》超越了相对为人所熟悉的"个人数据、企业数据、国家数据"的分类方法，进而从数据所影响的价值着手。换句话说，不论是个人数据还是企业数据，只要有可能危及整体层面的利益，就会被认定为"重要数据"。因此，中央网信办制定发布的《网络数据安全管理办法》，把"重要数据"定义为"不涉及国家秘密，但如果泄露、窃取、篡改、丢失和非法使用可能危害国家安全、国计民生、公共利益的数据"。

如果用一句话来解释，"重要数据"这个概念的提出，实质上反映了在大数据时代下维护国家安全、社会公众利益的客观要求，也是国家层面的数据安全保护对大数据时代特点的一种自然反应。在过去，"个人数据、企业数据、国家数据"的分类有其存在意义，因为往往只有国家掌握的数据，才有可能影响到整体层面的利益。但在大数据时代，数

2011年10月24日，国务院新闻办举行新闻发布会，介绍重要涉密经济数据泄露案件查办情况。

据收集、汇聚、流转等，大量地发生在公共部门之外，许多企业掌握着海量的数据资源。这些数据，已经具备了影响国家、公共利益的可能性。如阿里巴巴掌握的海量用户信息，首先肯定是个人信息，同时也是企业拥有的数据，但是由于其规模和颗粒度均可比拟公安机关的国家人口基础信息库，准确性甚至更胜一筹，所以，对国家来说，这样规模的人口基础数据一旦泄露，很可能对国家安全造成严重危害。

再如为金融、能源、交通、电信等重要行业中的关键基础设施提供网络安全防护过程中产生的数据，包括系统架构、安全防护计划、策略、实施方案、漏洞等信息。这些数据虽然掌握在网络安全服务提供者手中，但一旦泄露，将大幅增加这些关键基础设施面临的网络安全风险。因此这些数据，从国家层面所述，肯定属于"重要数据"，哪怕这些数据掌握在私营部门手中。综上所述，判定重要数据，要求我们放弃"谁掌握数据"的老框框，从数据可能影响的价值、利益来判断。

五、中国的数据出境安全评估将如何保持发展和安全之间的平衡？

根据《网络安全法》的要求，中央网信办 2017 年 4 月公布了《个人信息和重要数据出境安全评估办法（征求意见稿）》。2019 年 6 月 27 日，中央网信办又发布了《个人信息出境安全评估办法（征求意见稿）》（以下简称《办法》），对中国个人数据跨境流动管理体制作出了规定。如何把握《办法》中的制度设计？特别是在互联网时代，数据天然地跨国界流动，数据因流动而获得价值，数据流能引领技术流、资金流、人才流，这已经成为基本共识，《办法》的制度设计是否实现了发展和安全的平衡？

（一）数据出境控制措施的国际趋势

首先，从地域范围来看。据统计，目前全球有超过 60 个国家和地区提出了数据出境控制的要求。美国信息技术与创新基金会（ITIF）2017 年 5 月 1 日发布的关于数据跨境流动的研究报告《跨境数据流动：障碍在哪里？代价是什么？》指出，实施数据出境控制的国家遍布各个大洲，既有加拿大、澳大利亚、欧盟等发达国家和地区，也包括俄罗斯、尼日利亚、印度等发展中国家。当然，各国实施的出境控制所适用的数据范围、控制程度各有不同。

其次，从时间维度来看。现有的数据本地化存储规定，大多数是在 2000 年后作出的。从下图可以发现很有趣的一点：数据本地化存储的兴起，恰恰与以互联网、分布式系统、云计算、大数据等信息技术发展同步。一方面，随着云计算、分布式系统等被大规模采用，数据占有者控制数据的能力在削弱，中间环节在增多。原本在单机时代非常明了的问题，例如数据种类有多少、规模有多大、存在哪里、谁能访问等，现在已经变得不那么容易回答了。另一方面，大数据技术的发展则大大增强了数据占有者对数据控制的需求。一旦海量数据对外界披露，无论是主动的共享开放，还是信息系统被攻破而导致的数据被动泄露，都可能被恶意使用。例如，敌对势力可能将海量数据与其他数据集组合，用各种算法进行数据挖掘等，进而分析掌握能威胁国家安全的信息。

从这两个方面就不难理解，国家建立数据出境控制措施，在很大程度上是面对上述两难时的一种必然反应。

图 4-1：数据本地化措施的演变发展

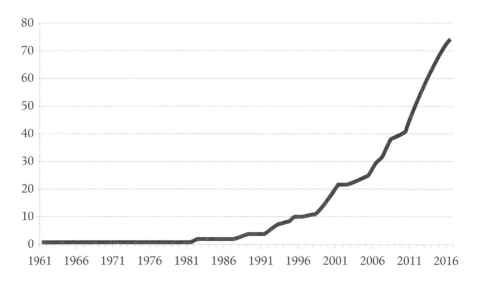

该图转引自：Martina Francesca Ferracane, Data Localization Trends, European Centre for International Political Economy, Presentation in Beijing, 19 JULY 2016

（二）为什么个人信息出境要保护

个人信息在出境场景下的保护，主要目的是在数据脱离了原来的数据控制者同时流出国境的情况下，持续保障个人合法权益。

数据流出国境，与数据在境内流动相比，会产生四个主要的变化：一是数据持有方发生变化，对数据的保护能力也必然有相应的改变；二是数据流出后适用的法律法规不同了；三是原境内监管机关无法对接收数据的境外主体实施管辖权；四是个人数据主体维护自身合法权益的渠道变少，且变得更加困难。

因此，保障个人数据出境安全的制度设计主要着力于上述四个方面。这一点，中外莫不如是。

2018 年 5 月 25 日，欧盟《通用数据保护条例》（GDPR）正式生效实施。《通用数据保护条例》在 1995 年《个人数据保护指令》的基础上，进一步固定并更新了个人数据出境的安全保护制度。首先，看标准格式合同条款（standard contract clause, SCC）。SCC 固定了数据出境后的保护原则（也就决定了保护水平），还通过法律责任划分的形式，将主要责任确定给了在境内的组织，为境内监管机关追究责任提供了便利。当然，境内主体可以转而继续追究境外主体的责任，通过合同的形式。同时，欧盟的 SCC 还规定了个人数据主体可以基于合同拥有一些特定的权利。其次，看有约束力的公司准则（binding corporate rules, BCR）。BCR 需境内监管机构的认可，就意味着境内监管机关需要认可 BCR 所提供的数据保护水平。如果一家跨国分公司所在国家的保护水平比较低，则该分公司还是需要遵守 BCR，根据 BCR 规定的原则提供数据保护。公司在提交 BCR 申请时，需要确定主申报国家。一旦主申报国家确定，则公司在该国的公司主体就要承担有关数据出境的所有法律责任——即监管机关、个人数据主体，均可以通过境内的公司主体来追究法律责任。最后，看充分性认定。对某个国家或地区进行充分性认定，就意味着认可该国家或地区的法律法规，意味着认可该国家或地区监管机关对数据保护的执法力度，也意味着认可个人行使权利的有效性和便利程度。因此，认定是个非常慎重的过程，需要全方面的考察。

从上述角度看，单纯依赖个人同意作为个人数据出境的条件，无法"补齐"数据出境带来的四个风险变化。按国际惯例，个人同意普遍不是数据出境的先决条件。而在实践中，如果将"同意"作为个人信息出境的条件，主要的场景是偶发、单次、数量较少且其他出境制度（如充分性认定、标准格式条款、有约束力的公司准则等）均不适用的情况下。

基于上述分析和理解，再来观察中央网信办发布的《个人信息出境安全评估办法（征求意见稿）》（以下简称"《办法》"）。该《办法》所建立的个人信息出境保护制度，基本上也是从上述个人信息出境时会出现的四个变化着手，通过制度设计，降低新增安全风险。主要分析如下：

（1）《办法》要求个人信息出境前，网络运营者与境外数据接收者签订合同。同时，《办法》对合同的内容作了细致的规定，主要内容之一就是对接收者如何保护个人信息安全的约定。此外，网络运营者在申报出境安全评估时，应提交个人信息出境安全风险及安全保障措施分析报告，重点分析内容之一为接收者的数据安全能力。这样的制度设计主要针对的是确保境外数据接收者能够持续对个人信息提供足够的保护水平。

（2）针对数据出境后所适用的法律法规发生变化的问题，《办法》提出，网络运营者应当在与境外数据接收者签订的合同中，要求数据接收者在其所在国家或地区的法律发生变化而导致合同无法履行时，主动告知网络运营者。后者将判断是否终止合同，并要求数据接收者删除相关数据。这样"通知—变更"的要求，能够有效防止境外法律法规产生变化后可能对个人信息安全带来的不利影响。当然，在个人数据出境前，网络运营者就应首先分析境外国家或地区的法律法规是否足以保障个人信息的安全。

（3）针对原境内监管机关无法对境外数据接收方实施管辖的问题，《办法》从三个层面作出了设计：首先，《办法》要求网络运营者要在与境外数据接收者签订的合同中，对个人信息安全责任作出约定，明确境内网络运营者"默认兜底"（accountability by default）的角色和安排。其次，网信部门通过网络运营者的年度申报，可以掌握单个网络运营者的整体数据出境情况，以此安排检查；在特定情况下，网信部门可要求暂停数据出境，并要求网络运营者通过合同这一法律工具，要求数据接收者删除数据。再次，《办法》要求"境外网络运营者"直接面向中国市场提供服务时，需要在境内安排法定代表人或者机构，以履行《办法》所规定的法律责任和义务，这也是为了保障有效的管辖。

（4）确保个人信息主体能够在数据出境后维护自身合法权益，也是《办法》的亮点之一。网络运营者不仅需在合同中与接收方提前约定个人信息主体行使其权利的途径和方式，在申报出境安全评估时，网络运营者也需要对上述途径和方式的有效性、便利性开展分析和评估。《办法》还赋予了个人信息主体针对数据出境的特殊"查询权"。个人信息主体可查询的内容包括：网络运营者与接收方之间签署的合同副本、个人信息主体网络运营者和接收者的基本情况，以及向境外提供个人信息的目的、类型和保存时间等内容。在保障知情权的前提下，个人信息主体能够更好地行使其权利。

当然，如果不对个人信息出境后再次传输（onwards transfer）进行限定，上述个人信息出境安全的制度设计就将流于形式。因此《办法》

专门针对出境后的再次传输进行了规定：针对个人信息的再次传输，实施个人选择退出（opt-out）；针对个人敏感信息的再次传输，则要求个人选择同意（opt-in）。

总的看来，我国个人信息出境安全评估的制度设计，在处置实体层面的安全风险（即本文前述的因数据出境带来的四个变化）时，基本和国外实践保持一致，真正做到了有的放矢。

（三）展望

数据出境安全评估，作为《网络安全法》设计的在国家层面构筑数据安全保护层的重要一环，迈出了我国建立全方面、多层次的数据资源保护体系的关键一步。但对数据这样一种"基础性战略资源"来说，《网络安全法》现有的设计还不厚实、充分，例如对重要数据的支配权，《网络安全法》仅仅规定了网络安全信息一种；至于防止重要数据遭恶意使用对国家安全的威胁，《网络安全法》仅规定了出境安全评估。《网络安全法》开了个好头，但显然我们还需要通过制定《数据安全管理办法》等措施，使安全能力建设真正地赶上大数据发展的步伐。

第五章
中国网络安全的能力建设

当前，网络信息技术已成为新一轮科技革命和产业变革的关键力量，逐渐渗透到政治、经济、文化、社会、国防等领域，网络安全也随之上升到国家安全的高度，成为深化改革、推动网络强国建设的重要保障。

中共十八大以来，以习近平同志为核心的党中央高度重视网络安全工作，成立中央网信领导小组，明确了"安全是发展的前提，发展是安全的保障"这一安全和发展的重大关系，提出了树立整体的、动态的、开放的、相对的、共同的网络安全观。中国网络安全保障能力有效提升。

第一节
网络安全技术产业

一、产业范畴

以网络安全企业和专业服务机构为主体的网络安全技术产业，满足了绝大部分个人和商业机构对信息化应用的安全保障需求，也承担了众多政府部门和部分特殊行业的安全保障工作。网络安全技术产业吸纳了大部分从事网络安全技术产品研发、服务保障、业务运营的从业者。客观地说，网络安全技术产业是维护国家网络空间安全、保障信息社会健康发展的基础和重要力量。

当前，随着信息网络技术的快速发展，网络安全技术产业不断细分发展，产业结构不断变化完善。同时，软硬件产品的界限愈发模糊，产品和服务的联动更加紧密。从向客户方提供的具体交付物角度，可以把产业划分为产品和服务两大类。

网络安全产品领域可细分为安全防护、安全管理、安全合规、其他安全产品四个类别。其中，安全防护类产品主要包括防火墙、入侵检测

2016 年 7 月 16 日，首届中国网络安全产业大会在北京举行。大会旨在展示中国网安产业整体实力，构建产业和主管政府部门沟通对话的平台，搭建产业上下游和国内外企业协作的桥梁。

和防御、安全网关（UTM）、Web 应用防火墙（WAF）、防病毒、数据防泄漏等；安全管理类产品主要包括身份识别与访问控制、内容安全管理、终端安全管理、安全事件管理（SIEM）等；安全合规类产品主要包括安全基线管理、安全审计、安全测评工具等；其他类产品包括未纳入上述分类的行业性较强的安全产品，如僵木蠕检测防护系统等，以及网络安全态势感知平台、大数据分析等新兴技术产品等。

网络安全服务主要包括安全集成类、安全运维类、安全评估类、安全咨询类四个类别。其中安全集成类服务主要指信息系统工程项目中的安全集成；安全运维类服务包括专业运维服务、维保服务等；安全评估类服务包括风险评估、渗透测试、等保评测等；安全咨询类服务包括教育培训、设计规划等。

二、中国网络安全技术产业发展情况

随着信息技术的深度发展与全球安全形势的复杂化、多样化，网络安全产业需求在不断地延伸扩展。从产业在社会和国民经济体系中所起作用看，我国网络安全技术产业是我国网络安全能力的重要支撑力量。

中共十八大以来，网络安全已经上升到了国家安全的高度。"斯诺登事件""乌克兰电网攻击事件""黑客干预美国大选"等一系列网络安全威胁事件，证实了网络安全与国家安全之间的重要关系。习近平总书记强调，"没有网络安全就没有国家安全，就没有经济社会稳定运行，广大人民群众利益也难以得到保障。"随着全球重大网络安全事件的频发，我国民众开始认识到网络安全不仅关系到自己的日常生活和个人生命财产安全，也关系到国家安全。

中国网络安全技术产业随着信息技术，特别是互联网技术的推广应用而开始萌芽。经过 20 多年的发展，中国网络安全技术产业生态不断

图 5-1：2012—2017 年中国网络安全技术产业规模及增长情况

完善，初步形成了较为完整的技术产业体系，在各主要细分技术领域都活跃着中国自主的网络安全企业。目前，我国开展网络安全相关业务的企业约 2600 余家，其中沪深 A 股有网络安全上市公司 20 家。

根据中国网络安全产业联盟统计测算，2015 年、2016 年、2017 年我国网络安全技术产业规模分别为 283 亿元、354 亿元、453 亿元人民币。这三年，我国网络安全产业的年复合增长率都超过 20%，预计在未来 10 年，甚至更长的时间内，我国网络安全产业都将继续保持高速增长势头。

截至 2017 年 12 月，我国网民规模达到 7.72 亿，位居世界第一位，普及率达到 55.8%，超过全球平均水平 4.1 个百分点。同时，在总体规

在参与全球网络空间规则制定的进程中，以阿里、腾讯等为代表的中国企业开始在全球扩展自己的产品和影响力，将中国互联网经济发展模式提供给全世界。图为美国纽约证券交易所（NYSE）为天猫"双 11"全球狂欢节举行远程开市敲钟仪式。

模和发展活力上，中国稳居全球电子商务市场领导者地位。据国家统计局电子商务交易平台调查数据，2017 年，中国电子商务交易总额达 29.2 万亿元，同比增长 11.7%，B2C 销售额和网购消费者人数均排名全球第一。中国已经是一个网络大国，数字经济已经成为推动社会经济发展的主要引擎之一。

然而，对比地看，我国网络安全技术产业发展还存在诸多不足，与中国的网络大国地位并不相称。首先，网络安全技术产业的总体规模太小，产业中缺乏业务规模大且具有核心技术能力的龙头企业。其次，技术创新能力相对不足、市场生态环境还不够优化，制约了产业快速发展。另外，网络安全人才缺口很大，复合型人才、高端领军人才、核心新技术研发人才尤其匮乏。这也削弱了产业的发展后劲。

从历史数据看，我国网络安全投入强度长期低于全球平均水平，与美、英等网络安全强国相比更是差距悬殊。2017 年，中国网络安全投入在信息化总投入中的占比仍不到 1%，相当于同期全球平均投入强度水平的 1/3 略强。美国特朗普政府提出的 2018 年度联邦政府预算中，网络安全的投入在 IT 总投入中的占比达到了 20%。这些数据对比表明，中国在近 30 年信息化快速推进的过程中，在网络安全建设方面背负了巨大的历史欠账。

可以这么讲：维护网络空间主权和国家安全、保障全社会信息化健康发展和全民数字权益的迫切需求，与目前相对较弱的产业基础和整体能力之间的矛盾，是中国网络安全技术产业发展面临的主要矛盾。

一方面是背负的巨大历史欠账，一方面是不断演化、日益复杂、越发严重的网络安全威胁与挑战，下定决心发展壮大网络安全技术产业是中国的必然抉择。中国政府在制定战略规划、加强法规建设、强化安全意识、优化市场环境、加强学科建设和人才培养等多个方面积极推动，并已初见成效，近三年中国网络安全技术产业规模的增长率都超过了20%，产业进入了一个非常好的发展机遇期。我们相信，再经过10年的发展，中国将拥有一个与其网络大国地位相匹配的体系完整、保障有力、蓬勃发展的网络安全技术产业。

三、中国政府推动网络安全技术产业发展的举措

环顾全球，各主要国家纷纷出台网络安全战略和发展规划，加大政府投入，提升产业能力。我国也加快了网络安全建设的步伐，在政策制度和法律法规层面，确立了较为完整的战略部署和顶层设计，明确了中国网络安全发展的重要立场，统筹把握、开放自主，应势而动、综合施策。

2018年4月，首届数字中国建设峰会期间，举行了数字中国研究院成立仪式、数字中国核心技术产业联盟发起仪式。

为促进网络安全技术产业持续发展，中国政府坚持以习近平新时代中国特色社会主义思想为指引，推进落实网络强国战略部署，激发网络安全需求，鼓励创新发展，优化产业生态，夯实产业基础实力。

2016 年 3 月，国家发展与改革委员会发布了《国家"十三五"规划纲要》，其中的第二十八章为"强化信息安全保障"，指出要发展国家网络安全保障体系，提高网络治理能力，保障国家信息安全。

2016 年 7 月发布的《国家信息化发展战略纲要》也对网络安全给予了高度重视，将其与移动通信、下一代互联网、下一代广播电视网、云计算、大数据、物联网、智能制造、智慧城市等一同列入关键技术和重要领域。

2016 年 9 月，国家互联网信息办公室发布的《未成年人网络保护条例（草案征求意见稿）》，旨在营造健康、文明、有序的网络环境，保障未成年人网络空间安全，保护未成年人合法网络权益，促进未成年人健康成长。

2016 年 11 月，《中华人民共和国网络安全法》由全国人大常委会审议通过，并于 2017 年 6 月 1 日正式施行。该部法律是我国第一部全面规范网络空间安全管理方面问题的基础性法律，是保障网络安全、维护网络空间主权和国家安全、促进经济社会信息化健康发展的有力保障，是我国网络空间法治建设的重要里程碑。

2016 年 12 月 15 日，由国务院印发并实施《"十三五"国家信息化规划》，该规划旨在贯彻落实国家"十三五"规划纲要和《国家信息化发展战略纲要》，是"十三五"国家规划体系的重要组成部分，是指导"十三五"期间各地区、各部门信息化工作的行动指南。该规划提出了引领创新驱动、促进均衡协调、支撑绿色低碳、深化开放合作、推动共建共享、防范安全风险 6 个主攻方向，部署了构建现代信息技术和产业生态体系、建设先进的信息基础设施体系、建立统一开放的大数据体系、构筑融合创新的信息经济体系、支持善治高效的国家治理体系构建、形成普惠便捷的信息惠民体系、打造网信军民深度融合发展体系、拓展网信企业全球化发展服务体系、完善网络空间治理体系、健全网络安全保障体系等 10 个方面的任务。

2016 年末到 2017 年中，经中央网络安全和信息化领导小组批准，国家互联网信息办公室发布了《国家网络空间安全战略》；国家发展和改革委员会、工业和信息化部则在信息基础设施建设、大数据产业领域发力，分别牵头出台了《信息基础设施重大工程建设三年行动方案》和《大数据产业发展规划（2016—2020）》。

2017 年 1 月，为深入贯彻落实建设网络强国战略，促进我国移动互联网健康有序发展，中共中央办公厅和国务院办公厅印发了《关于促进移动互联网健康有序发展的意见》，从推动移动互联网创新发展、防范移动互联网安全风险等几个方面提出了指导意见。与此同时，工业和信息化部制定并印发《信息通信网络与信息安全规划（2016—2020 年）》，从强化组织机构建设、加强资金保障、建设新型智库、强化人才队伍、加强宣传教育、规划组织实施等 6 个方面提出保障措施。同样在 1 月，中央网信办发布《国家网络安全事件应急预案》，明确了网络安全事件定义，将网络安全事件分为四级，对网络安全事件监测预警、应急处置、调查评估、预防保障等重要工作均作出规定。

2017 年 3 月，外交部和国家互联网信息办公室共同发布了《网络空间国际合作战略》，以和平发展、合作共赢为主题，以构建网络空间命运共同体为目标，就推动网络空间国际交流合作首次全面系统地提出中国主张，为破解全球网络空间治理难题贡献中国方案。该战略是指导中国参与网络空间国际交流与合作的基础性文件，将推动国际社会携手努力，共同构建和平、安全、开放、合作、有序的网络空间。

2017年3月30日，《云计算发展三年行动计划（2017—2019年）》由工业和信息化部印发，自发布当日起实施。该计划以推动制造强国和网络强国战略实施为主要目标，提出了未来三年我国云计算发展的指导思想、基本原则、发展目标、重点任务和保障措施。

2017年4月，为保障个人信息和重要数据安全、维护网络空间主权和国家安全、促进网络信息依法有序自由流动，依据《中华人民共和国国家安全法》《中华人民共和国网络安全法》等法律法规，中央网信办会同相关部门起草了《个人信息和重要数据出境安全评估办法（征求意见稿）》，向社会公开征求意见。随后在5月份，全国信息安全标准化技术委员会发布《信息安全技术 数据出境安全评估指南（草案）》，为落实《中华人民共和国网络安全法》及《个人信息和重要数据出境安全评估办法》所规定的个人信息和重要数据出境安全评估制度，提供了具有实践操作性的指引。

2017年5月，中央网信办发布了《网络产品和服务安全审查办法（试行）》，《互联网信息内容管理行政执法程序规定》和新的《互联网新闻信息服务管理规定》，都于2017年6月1日开始施行。最高人民法院和最高人民检察院发布了《关于办理侵犯公民个人信息刑事案件适用法律若干问题的解释》，为依法惩治侵犯公民个人信息犯罪活动、保护公民个人信息安全和合法权益提供了依据。

2017年5月，国务院办公厅印发了《政务信息系统整合共享实施方案》，该方案围绕政府治理和公共服务的紧迫需要，提出了加快推进政务信息系统整合共享、促进国务院部门和地方政府信息系统互联互通的重点任务和实施路径。同月，水利部正式印发《水利网络安全顶层设计》，旨在规范水利网络安全建设管理、推进水利网络安全工作、强化水利关键信息基础设施安全防护、整体提升水利网络安全保障能力。随后，工业和信息化部印发了《工业控制系统信息安全事件应急管理工作指南》，为做好工业控制系统信息安全事件应急管理相关工作、保障工业控制系统信息安全给出了指导性方针。

2017 年 5 月，国务院办公厅印发了《政府网站发展指引》，对全国政府网站的建设发展做出明确规范。

2017 年 6 月，国家互联网信息办公室会同工业和信息化部、公安部、国家认证认可监督管理委员会等部门制定并发布《网络关键设备和网络安全专用产品目录（第一批）》；中国人民银行印发《中国金融业信息技术"十三五"发展规划》，明确提出了"十三五"金融业信息技术工作的指导思想、基本原则、发展目标、重点任务和保障措施；6 月 27 日，第十二届全国人民代表大会常务委员会第二十八次会议通过并公布《中华人民共和国国家情报法》，为保障国家情报工作、维护国家安全和利益做出了法律规定。

2017 年 7 月，国家互联网信息办公室发布《关键信息基础设施安全保护条例（征求意见稿）》，该条例是《中华人民共和国网络安全法》的重要配套法规，旨在保障关键信息基础设施安全，对在我国境内规划、建设、运营、维护、使用关键信息基础设施以及开展关键信息基础设施的安全保护进行了规范。该条例对关键信息基础设施（"CII"）的范围、各监管部门的职责、运营者的安全保护义务以及安全检测评估制度提出了更加具体、更强操作性的要求，为开展关键信息基础设施的安全保护工作提供了重要的法规支撑。

2017年8月，工业和信息化部印发了《工业控制系统信息安全防护能力评估工作管理办法》，旨在规范工控安全防护能力评估工作，切实提升工控安全防护水平。同月还发布了《移动互联网综合标准化体系建设指南》，旨在进一步促进移动互联网产业健康有序发展，大力提升标准对产业发展的指导、规范、引领和保障作用。

2017年11月，工业和信息化部印发《公共互联网网络安全突发事件应急预案》，明确了事件分级、监测预警、应急处置、预防与应急准备、保障措施等内容，旨在提高对公共互联网网络安全突发事件的综合应对能力，确保及时有效地控制、减轻和消除公共互联网网络安全突发事件造成的社会危害和损失，保证公共互联网持续稳定运行和数据安全，维护国家网络空间安全，保障经济运行和社会秩序。

上述法律、条例、指南、规划，在构建安全的网络空间、推动网络治理体系变革方面发挥着基础性、规范性、引领性作用。它们的陆续发布，标志着网络安全建设规范化进程将持续加快，将在落实网络强国战略、促进产业繁荣、完善制度保障等方面发挥重要作用，也将有力促进网络安全产业健康发展。

此外，北京市、成都市、重庆市、深圳市、杭州市、贵阳市等多个地区都在开展网络安全产业园区建设工作。工业和信息化部正在积极推动国家网络安全产业园区建设。湖北省武汉市于2016年启动了"国家网络安全人才与创新基地"建设，打造中国首个独具特色的"网络安全学院＋创新产业谷"国家基地。围绕网络安全产业园区和国家基地建设，相关各地方政府和国家主管部门有针对性地出台了一系列促进企业发展、优化市场环境的引导政策，并致力于将产业园区和国家基地打造

位于湖北省武汉市的国家网络安全人才与创新基地。

成区域经济发展、产业调整升级的重要空间聚集形式，使其担负起聚集创新资源、培育新兴产业、推动城市化建设等重要使命。从当前全球网络强国的发展经验来看，能够顺应市场经济规律并具有有效治理结构的网络安全产业是国家网络安全能力体系最重要的组成部分之一。在我国，如何做大做强网络安全产业，也是推进网络强国建设的关键。

四、坚持开放融合，促进产业发展

中国坚定不移地走和平发展道路，坚持正确义利观，推动建立合作共赢的新型国际关系。中国网络空间国际合作战略以和平发展为主题，以合作共赢为核心，倡导将和平、主权、共治、普惠作为网络空间国际交流与合作的基本原则。中国政府提出的"构建网络空间人类命运共同体"主张也得到了世界上大多数国家和国际组织的认同和支持。

在和平发展理念的指引下，中国在网络安全和信息化领域将坚定不移地走开放发展的道路。"中国开放的大门不能关上，也不会关上。我们要鼓励和支持我国网信企业走出去，深化互联网国际交流合作，积极参与'一带一路'建设，做到'国家利益在哪里，信息化就覆盖到哪里'。外国互联网企业，只要遵守我国法律法规，我们都欢迎。……网络安全是开放的而不是封闭的。只有立足开放环境，加强对外交流、合作、互动、博弈，吸收先进技术，网络安全水平才会不断提高。"[①] 这些都清晰地表达出了中国政府坚持开放发展的意愿。

中国政府积极加强互联网技术国际合作共享，推动各国在网络通信、移动互联网、云计算、物联网、大数据等领域的技术合作，共同解决互联网技术发展难题，共促新产业、新业态的发展。

思科公司、IBM 公司、微软公司、甲骨文公司、苹果公司等在中国市场拥有大量市场份额，在金融等重点行业更是占据了大部分高端市场。国际 IT 公司参与了中国的信息化进程，同时也获取了非常好的财务收益。

在推进中外产业深度合作方面，也有不少成功典范。例如，中国电子科技集团公司与微软公司合资成立的神州网信技术有限公司（简称为"神州网信公司"），致力于为中国政府机构和关键基础设施领域的国有企业提供安全可控、技术先进、符合监管部门及用户要求的专用操作系统产品和服务。中国电子科技集团公司与微软公司的合作是中美间一次高科技领域的重大合作，展现了双方开放合作的精神。神州网信公司

---

① 引自：2016 年 4 月 19 日习近平总书记在"网络安全和信息化工作座谈会"上的讲话，即"4·19 讲话"。

2015 年 12 月 17 日，在浙江乌镇举行的世界互联网大会上，中国电子科技集团公司与微软公司签署合资公司备忘录。

将在双方股东的支持下，通过开放合作，培养国际化高端管理人才和技术人才，快速提升国内技术力量和人才储备，激发创新活力，助力中国创造更多世界一流技术，成为科技创新的引领者。

第二节
网络安全技术

一、加强能力体系建设，推动网安技术创新

网络空间是一个一体联通的系统，其互联性、开放性、全球性以及数据信息的共享性、通信信道的公共性等特质，使得网络安全问题具有"木桶效应"和"连锁效应"，任何一个环节的脆弱性都可能危及个人、组织甚至国家整体的网络安全，网络安全防护能力建设需要有体系化的思路和方法。

中共十八大以来，我国已制定了较为完善的国家网络安全战略规划并颁布实施了《中华人民共和国网络安全法》等相关法规。中国政府结合我国网络安全实际情况，参考国际网络强国建设经验，逐步完善我国网络安全保障体系的建设工作。

中国正在开展的相关工作包括：加强我国网络安全战略的落地，细化网络安全主要任务，制定发展策略和时间表；建立具有中国特色的网络安全组织管理架构，细化各部门职责；推动全面构建网络安全积极防御体系，加快网络安全防御战略研究和体系构建，建设全球网络安全战

2018 年 5 月 10 日，2018 中国成都国际社会公共安全产品与技术展览会开展，一大批网络空间安全防护、公共安全防范、智慧城市等高科技产品纷纷亮相。

略预警和积极防御平台，努力实现网络的全局感知和精确预警；打造全球化的网络安全产业生态体系，联合产业上下游，完善产业链结构，加快网络安全关键技术、核心技术和创新技术的突破与发展。

为推进核心技术发展，中国正在努力做到既统筹全局，又突出重点，积极谋划核心技术的"突破之路"。这条"路"就是：遵循技术发展规律，通过优化市场环境、完善制度环境，以基础研究带动应用技术实现群体突破，打造跨学科、跨领域、连通产学研用的协同创新体系。这是一条以自主创新为核心特征的战略突破之路。

2014 年 12 月 3 日，中国国务院以国发 [2014]64 号印发《关于深化中央财政科技计划（专项、基金等）管理改革的方案》。该方案分总体目标和基本原则、建立公开统一的国家科技管理平台、优化科技计划（专项、基金等）布局、整合现有科技计划（专项、基金等）、方案实施进度和工作要求共 5 部分。改革目标是：强化顶层设计，打破条块分割，改革管理体制，统筹科技资源，加强部门功能性分工，建立公开统一的国家科技管理平台，构建总体布局合理、功能定位清晰、具有中国特色的科技计划（专项、基金等）体系，建立目标明确和绩效导向的管理制度，形成职责规范、科学高效、公开透明的组织管理机制，更加聚焦国家目标，更加符合科技创新规律，更加高效配置科技资源，更加强化科技与经济紧密结合，最大限度激发科研人员创新热情，充分发挥科技计划（专项、基金等）在提高社会生产力、增强综合国力、提升国际竞争力和保障国家安全中的战略支撑作用。该方案明确，要对原有的 100 多个科技计划进行调整优化，整合成国家自然科学基金、国家科技重大专项、国家重点研发计划、技术创新引导专项（基金）、基地和人才专项 5 大类别。

2018 年 5 月，参观者在中国国际大数据产业博览会上参观城市网络安全运营中心。

中国开展国家重点研发计划"网络空间安全"重点专项工作。国家重点研发计划整合了科技部原有的863计划、973计划、国家科技支撑计划、国际科技合作与交流专项，国家发展和改革委员会、工业和信息化部管理的产业技术研究与开发资金，以及有关部门管理的公益性行业科研专项等。根据申报指南，网络空间安全专项的总体目标是逐步推动建立起既"与国际同步"又"适应我国网络空间发展"、"自主"的网络空间安全保护、治理和网络空间测评分析技术体系。专项下含5个创新链，首批将在5个技术方向启动8个项目，包括创新性防御技术机制研究、天地一体化网络信息安全保障技术研究等。承担该专项管理工作的是工业和信息化部产业发展促进中心。

中国是世界上最大的发展中国家，世界第二大经济体，也是全球经济增长的主要贡献者。中国始终倡导和平发展的理念，是维护世界和平的重要力量。中国的稳定发展不仅仅造福14亿2千万中国人民，也是对人类社会发展的重大贡献。没有网络安全就没有国家安全。中国将坚定不移地开展网络安全保障能力体系建设和技术创新，把网络空间建设成为亿万民众共同的美好精神家园，使网络空间天朗气清、生态良好，让人民共享信息技术发展带来的福祉。

二、大力加强核心技术领域的自主可控能力

网络安全保障能力对网络信息技术实力的高度依赖使得各国对技术研发和应用都给予了高度重视，纷纷采取战略性举措提升技术的自主能力。

中国国家领导人明确要求，要下定决心、保持恒心、找准重心，加速推动网信领域核心技术突破。

　　掌握核心技术，达成在关键信息技术领域的自主可控，是实现建设网络强国目标、保障信息社会可持续发展、维护国家安全的必由之路。一方面，核心技术是国之重器，最关键最核心的技术要立足自主创新、自立自强。市场换不来核心技术，用钱也买不来核心技术，必须靠自己研发、自己发展。另一方面，要坚持开放创新。中国强调自主创新，不是关起门来搞研发。只有立足开放环境，加强对外交流、合作、互动、博弈，吸收先进技术，我们才能不断提高网络安全水平，避免夜郎自大、故步自封。

　　自主可控不是进行全部国产替代，更不是关起门来自搞一套，而是要实现在核心技术上的突破。信息产业是一个全球协作、开放的生态链与供应链体系，发展自主可控的核心技术要关注产业技术链条上关键环

2017年12月3日，第四届世界互联网大会"世界互联网领先科技成果发布"在乌镇互联网国际会展中心举行。

节的卡位能力，在关键供应链上形成"你中有我、我中有你"的态势。检验是否是真正的自主可控，有一条基本的标准——产业发展不受制于人，网络安全不受制于人。

中国不接受任何国家凭借其所掌握的核心技术优势而施加威胁与讹诈，中国坚决反对任何形式的"技术霸权"！中国也不会在取得核心技术突破后，借助所掌握的技术能力，在公平市场机制和国际贸易通行规则之外，通过其他手段谋求不正当利益。

核心技术是网络安全技术产业发展的"牛鼻子"。中国将以全社会网络安全保障需求为核心驱动力，打好网络安全核心技术攻坚战，支持企业、高校、科研机构等突破核心关键技术，加强对工业互联网、人工智能、大数据等新技术应用领域的网络安全技术研究。

中国还将以需求为牵引，加快促进网络安全技术成果转化，培育壮大网络安全产品服务市场，引导通信、能源、金融、交通等重要行业加大对关键基础设施的网络安全投入，促进网络安全产品服务普及应用，孵化新技术和新应用，加快产品服务的迭代升级和创新演进。

第三节
网络安全人才

一、大力加强网络空间安全学科建设

"治国经邦、人才为急"。纵观古今中外，人才的多寡与优劣最终决定一个国家、一个民族、一个产业的兴衰存亡。全球化和信息化的日新月异快速发展为我国发现人才、培养人才、储备人才带来前所未有的机遇和挑战，中国政府提出建设创新型国家和网络强国的宏伟目标，也为人才发展提出了全新的要求。

我国网络安全人才培养缺口很大。根据腾讯安全发布的《2017年上半年互联网发展安全报告》，网络安全人才总需求量超过70万人。该报告推算，到2020年从业人员将达到112万人，2027年将达336万人，2035年将达到1009万人。目前，学校培养的相关专业的学生数量还远远不能满足需求。

2014年2月，教育部办公厅、工业和信息化部办公厅下发《关于开展信息安全人才培养情况调查的通知》（教高厅 [2014]4号）。根据此次专项调查，2012—2014年，我国高校年均培养信息安全专业人才约1.1

万人，毕业生中本科生占 49%、研究生占 29%、高职高专生占 19%、成人学历教育占 3%。信息安全专业本科生年均就业率为 96%，研究生年均就业率为 97%，高职高专生年均就业率为 96.3%，就业领域主要集中于企业、政府机关和事业单位。本科毕业生中超过 25% 入职到民营企业，研究生毕业生中超过 25% 的入职到国有企业、20%~25% 的入职到民营企业。企业是高校毕业生的主要就业方向。

2014 年，全国已有 81 所高校设置了 103 个频次的信息安全相关本科专业，但在研究生培养专业目录中并没有与之相对应的信息安全学科。为了培养信息安全研究生，74 所高校将信息安全相关研究方向挂靠在 14 个一级学科下，还有些学校自主设置了信息安全二级学科。基础不同，方向各异，内容混乱，相互掣肘，严重影响了网络安全人才有序培养，导致人才总量和结构远远不能满足需求，复合型人才和专业型人才严重缺乏。

专项调查发现，在网络安全相关专业人才培养能力建设方面存在诸多挑战与不足：

1. 网络安全领域师资队伍不强。具体表现为，在教师队伍中拥有博士学位的人员所占比例不够高，按 2014 年数据占比不到 60%，高层次专业教师非常缺乏，其占比仅为 7%，特别是在国际、国内具有较大影响和知名度的领军专家更是严重缺乏；

2. 网络安全教材体系不完善。存在学科、专业教材水平参差不齐的情况，急需补充一大批高质量的专业教材，完善教材体系；

3. 实践教学环节缺乏系统性。存在理论教学与实际脱节，学生参与的实战性实验较少，很少接触实际网络安全问题、不了解主流网络安全技术产品等情况；

4. 学科建设经费投入不足。由于学科设置、专业管理和重视程度等方面的原因，投入网络安全相关专业教学基础设施方面的经费很少，远远不能满足人才培养的需要。

在上述背景情况下，中国政府加大了网络安全相关学科建设力度。

2015年6月11日,国务院学位委员会与教育部联合发出学位[2015]11号文件《关于增设网络空间安全一级学科的通知》，决定在"工学"门类下增设"网络空间安全"一级学科，学科代码为"0839"，授予"工学"学位。"网络空间安全"一级学科的设立为加快网络空间安全高层次人才培养走出了关键一步，有了"网络空间安全"一级学科，在一级学科目录规范下,才能够按学士、硕士、博士成体系地培养国家需要的复合型、创新型人才。

为加强网络安全学院学科专业建设和人才培养，经中央网络安全和信息化领导小组同意，2016年6月6日，中央网络安全和信息化领导小组办公室、国家发展和改革委员会、教育部、科学技术部、工业和信息化部、人力资源和社会保障部等部委联合发文《关于加强网络安全学科建设和人才培养的意见》，提出了加快网络安全学科专业和院系建设、创新网络安全人才培养机制、加强网络安全教材建设、强化网络安全师资队伍建设、推动高等院校与行业企业合作育人、协同创新、加强网络安全从业人员在职培训、加强全民网络安全意识与技能培养、完善网络安全人才培养配套措施等各方面的意见。

表 5.1 设置网络安全学院的高校（部分清单）[1]

中国科学技术大学 ★	武汉大学 ★
西安电子科技大学 ★	华中科技大学
北京邮电大学	北京航空航天大学 ★
上海交通大学	北京大学
四川大学 ★	清华大学
哈尔滨工业大学	东南大学 ★
电子科技大学	成都信息工程大学
南京邮电大学	杭州电子科技大学
暨南大学	中国刑警学院
战略支援部队信息工程大学 ★	公安大学
中国科学院大学	甘肃政法大学
西北工业大学	成都理工大学
南开大学	河北大学
南昌大学	广州外语外贸大学
新疆大学	天津大学
桂林电子科技大学	北京电子科技学院

中共十八大以来，随着"网络空间安全"一级学科的设立和一系列人才培养鼓励措施的出台，我国网络安全人才建设取得重要进展。

截至 2017 年底，已有超过 35 所院校获国务院学位委员会批准增列

---

[1]　图表中用★标识的 7 所高校被评选为首批一流网络安全学院建设示范项目。

2016年9月20日，"网络安全人才培养和创新创业"论坛在湖北武汉举行。

网络空间安全一级学科博士学位授权点。截至 2018 年 4 月底，已设立网络安全相关专业的高校数量达到近 200 家。同期，已有 35 所高校设立了网络安全学院。初步测算，2019 年我国高校网络安全相关专业毕业生数量约 2 万人。

二、借鉴国际经验，创新人才培养机制

网络空间的竞争和较量日益成为人才的竞争和较量。各国网络安全战略中普遍就培养网络安全人才作出战略部署，并通过专业培训、委托教育机构培养和组织黑客大赛选拔等方式强化网络安全人才储备。

目前，美国、欧盟、俄罗斯、日本等 50 多个国家出台了国家网络安全战略，制定了专门的网络安全人才培养计划。例如，美国早在 2003

年就将网络安全教育计划写入了《保护网络安全国家战略》中；2012年，美国发布《网络安全教育战略计划》，明确提出扩充网络安全人才储备、培养网络安全专业队伍。而英国也在2009年发布的《网络安全战略》中明确提出，要鼓励建立网络安全专业人才队伍；2016年，英国政府出资2000万英镑，推出新的"网络校园项目"，为青少年提供网络安全培训，储备专业网络安全人才。

2016年4月19日，习近平总书记在"网络安全和信息化工作座谈会"上指出："互联网主要是年轻人的事业，要不拘一格降人才。要解放思想，慧眼识才，爱才惜才。培养网信人才，要下大功夫、下大本钱，请优秀的老师，编优秀的教材，招优秀的学生，建一流的网络空间安全学院。"

2017年8月8日，中央网信办秘书局、教育部办公厅联合印发了《一

2018年1月22日，北京航空航天大学与北京元心科技有限公司签署战略合作协议，双方将在攻坚国产安全操作系统重大技术课题、培养国产操作系统实用型人才、促进科技成果转化等方面开展全面合作，创建"网络空间安全"领先示范。

流网络安全学院建设示范项目管理办法》。该办法明确了中央网信办、教育部决定在2017—2027年期间实施一流网络安全学院建设示范项目，形成4—6所世界一流的网络安全学院。中央网信办、教育部共同组织来自各方面的专家和代表，对申办高校进行评审评分。严格按照专家评分结果，最终确定7所高校作为首批一流网络安全学院建设示范项目，分别为：西安电子科技大学、东南大学、武汉大学、北京航空航天大学、四川大学、中国科学技术大学、战略支援部队信息工程大学。其中战略支援部队信息工程大学由原解放军外国语学院、解放军信息工程大学合并组建而成。

近年来，在中央网信办、国家发展改革委、教育部的指导下，国家网络安全人才与创新基地在加强组织领导、编制高水平规划、探索建设模式方面创新机制，构建政府主导、校企合作、社会参与的新格局，高强度快速推进基地建设。出台一系列优惠政策，营造良好生态环境，大力招商引资，推动项目签约落户，并做好项目配套，全面承接产业落户，打造一流园区，加快发展网络安全产业。核心技术受制于人、关键基础设施受控于人，不是产业发展的长久之道。国家网络安全人才与创新基地努力破解这一困境，以创新为动力，结合区域科技创新资源，营造一个开放的学习交流环境，借鉴吸收先进技术，不断提高网络安全整体技术水平。

为加快我国网络安全人才培养和学科专业建设，在中央网信办指导下，由中国互联网发展基金会网络安全专项基金发起的网络安全人才奖、优秀教师奖、优秀教材奖、奖学金等评选活动正式启动。根据各奖项的奖励办法，计划每年奖励网络安全杰出人才1名、优秀人才10名、优秀教师10名，资助网络安全优秀本科生和研究生各100名；网络安全杰出人才每人奖励100万元人民币，网络安全优秀人才每人奖励50万

2018 年 9 月 19 日，2018 网络安全优秀人才奖和优秀教师奖颁奖仪式在四川成都举行。

元人民币，网络安全优秀教师每人奖励 20 万元人民币，对获奖优秀教材每本奖励 10 万元人民币，优秀本科生和研究生每人分别奖励 3 万元、5 万元人民币。此举对于我国网络安全人才的培养将起到重要的推动作用。中国互联网发展基金会网络安全专项基金由社会资本无偿捐赠设立。

　　在网络空间对抗中"未知攻，焉知防"，了解攻击者的思维和手段至关重要，这也是网络安全竞赛较之于传统教育模式的优势之所在。DEFCON 和 PWN2OWN 是国际知名网络安全赛事。中国有 CTF（夺旗赛 Capture The Flag）、数据分析竞赛、机器人攻防赛、实战靶场对抗赛等类型的网络安全竞赛，其中影响力较大的有已举办十届的全国大学生信息安全竞赛、XCTF 国际网络安全技术对抗联赛、信息安全铁人三项赛、中国网络安全技术对抗赛、RHG 比赛等赛事。通过组织开展网络安全竞赛，可以让更多人了解网络安全在实际生活中的应用场景和在职业发展

2018年9月,作为2018国家网络安全宣传周的重要活动之一,网络安全技能挑战赛在四川成都举行。

中的各种分工,是网络安全人才发现、培养和选拔的重要手段,也是完善网络安全教育培训体系的有效途径。在中国,网络安全相关赛事的发展方兴未艾。

教育部2014年启动实施了"产学合作协同育人项目"。项目实施以来,每年的项目参与企业数量、征集项目数量、资助经费和参与高校数量均实现大规模增长。2018 年 5 月,教育部高等教育司公布了 2018 年第一批产学合作协同育人项目申报指南,346 家企业支持 14576 个项目,提供经费及软硬件支持约 35.15 亿元。网络空间安全是该项目支持的领域之一。腾讯公司、天融信公司、360 公司等企业积极参与项目合作。

为加强网络安全教师队伍建设,每年由中央网信办组织一线骨干教师赴国外进行集中培训,每次参训教师人数 20 人左右。目前,已完成了赴美国、以色列和英国的三期培训。每期培训都安排国际知名专家进行授课，与国际教育同行进行深度交流，并实地参观培训班所在国的网络安全教育和技术产业发展情况。

秉承不拘一格发掘人才、动态科学评定人才、全生命周期培养人才的理念，围绕"网络空间安全"一级学科的建设，相关高校自然科学、工程科学和社会科学等多学科进行融入，为我国网络安全的多层次人才体系建设与发展创造基本条件。深化"政产学研用"协同的人才共建模式，秉持"走出去，请进来"的机制改革理念，加大培养人才实践能力和创新能力，发挥全球多元化力量，推动并规范人才发展，打造具有全球水平和影响力的创新型人才机制。

创新的事业呼唤创新的人才，必须在创新实践中发现人才、在创新活动中培养人才、在创新事业中凝聚人才，不断培养造就一支规模宏大、结构合理、素质优良的队伍。①

网络安全人才的培养、储备和使用采取培养与引进相结合的原则，尤其针对我国网络技术领军人才需求非常急迫的现实情况，要加大力度、不拘一格引进高端人才。优化网络安全人才的培养机制和模式，应当重点发挥高等院校、科研机构和网信企业的协同作用，加强国际化人才交流，联合多方资源，培养创新型网络安全人才。

作为国际网络安全治理的重要新兴力量，中国将向广大发展中国家大力提供网络安全能力建设援助并提供持续性支持，包括技术转让、关键信息基础设施建设和人员培训等，努力弥合发展中国家和发达国家之间的"数字鸿沟"，让更多发展中国家和人民共享互联网带来的发展机遇。

---

① 引自：2016年4月19日，习近平主席在"网络安全和信息化工作座谈会"上的讲话，即"4·19讲话"。